U0142863

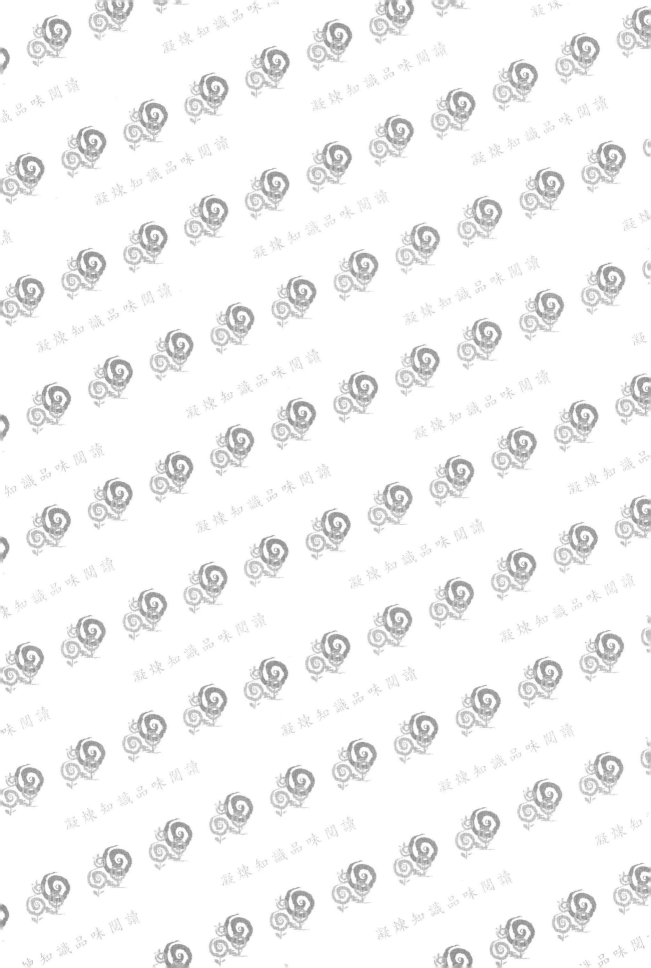

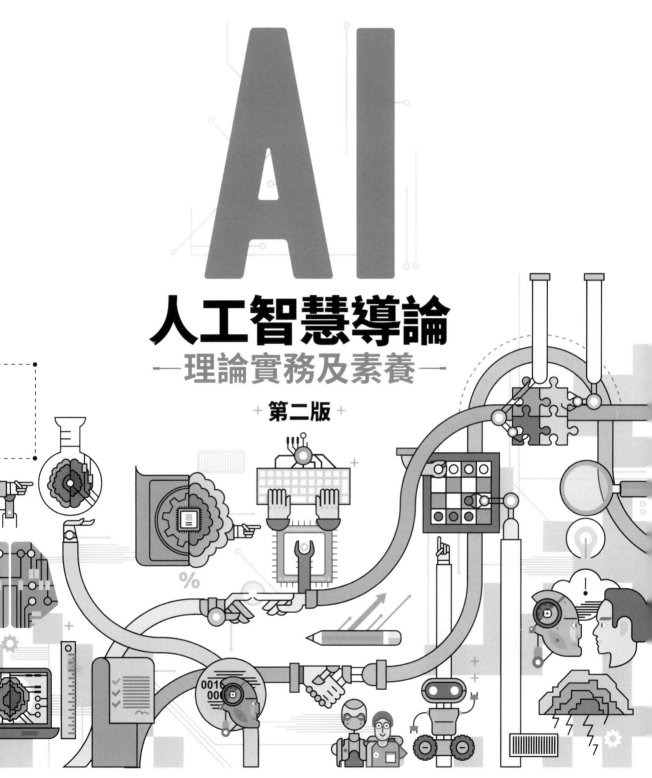

I is Everything

AI
人工智慧導論
—理論實務及素養—
第二版

葛宗融、余執彰、張元翔、李國誠、許經愛、陳若暉、蕭育霖、連育仁、
倪晶瑋、石栢岡、陳民樺、吳昱鋒、林俊閱、高欣欣、蔡鐘慶 合著

五南圖書出版公司 印行

校長序

    中原大學教育理念，強調「我們尊重自然與人性的尊嚴，尋求天人物我間的平衡，以智慧慎用科技與人文的專業知識，造福人群」。爰此，本校於 108 年初即著手建置人工智慧專業實作空間，除在全校必修之通識課程中導入人工智慧教案之外，更將人工智慧知識與技能，融滲於各學系專業課程中。希冀強化學生人工智慧之基礎知能，並培育其跨領域思維及實作能力，以「5+2 產業創新」為基礎，以期緊密契合「六大核心戰略產業」人才之亟需，打造全球經濟關鍵力量。

    為展現中原大學推動人工智慧教學之策略意圖，本書由我校 15 位不同領域之專任教師負責研撰，內容從人工智慧基礎至製造、設計、金融、醫學、文本及法律等不同專業領域之應用與創新；進而，透過做中學、學中做的教學方式，導入單元性的實作演練。務期學生體驗思維邏輯運算與人工智慧運用的實際操作，包括：圖形辨識、影像辨識、自走車控制等，本次再版加入了交談式 AI，也調整各章節內容，此外亦增加選擇題及問答題提供閱讀者練習並思考其人工智慧所賦予的意義。

    本書最末的人工智慧素養陶鑄章節中，特強調「科技始終來自於人性」之真諦，科技的善用須植基於人文底蘊與專業倫理。其次，如何在重視資訊安全及維護人權隱私之基礎上，創新跨領域的應用與服務，提升人類的生活品質，誠為我校教育理念之實踐與我輩中原人之人格特質。期許本書之付梓出版與諸位教師的全力投入，讓教者與學者共同體現智慧科技的滾動式創新，亦能將中原「全人教育」精神，落實在專業人才培育上。

中原大學校長

李英明

推薦序

　　人工智慧技術透過電腦硬體與邏輯運算不斷地突破升級，使人類得到更精確的結果與判斷，未來必定持續將人類智慧的理論、技術和應用，發展出具人性化的 AI 機器，並擴展到無所不在的生活中，協助人類解決問題。這波 AI 浪潮再次席捲整個科技產業，也帶來全新的挑戰，我們要了解並有效地應用人工智慧技術，在這個新時代提升自身的競爭力。本書將一步步地介紹人工智慧的相關概念及其應用，並引導讀者尋找屬於人工智慧技術與發展的核心價值。

　　本書首先以「AI 領域概論」給予讀者宏觀的架構與想法，一開始以說故事的方式，帶讀者想像未來充滿 AI 應用的世界，以及講述人工智慧發展演進與人工智慧技術之基本概念。接著以「AI 專業技術介紹」讓讀者們更能理解人工智慧在創作、金融、製造、文本、設計、環境、醫療等範疇上的技術融合，並介紹人工智慧實際深入應用之例子與發展脈絡。之後透過「AI 實作演練」操作圖形辨識、影像辨識及自走車等演練，讓讀者能嘗試以實作來體驗人工智慧之技術架構。最後，則以本書最特別的「AI 素養陶鑄」來作結尾，這個章節探討人類在面對人工智慧技術蓬勃發展，該如何去省思所衍生出來的各種科技素養與倫理之議題。

　　在人工智慧來臨的時代，如何確保智慧機器能像人類一樣可適應持續變動的環境。期望讀者們能透過本書，在研讀過程中將人工智慧的相關知識內化並吸收，更深一層地去思考人類要如何與智慧機器密切地合作，並持續發揮人類獨有的特質與不可替代性，找到人文與科技之間的平衡點，是一本相當值得推薦的書籍。

中央研究院資訊科學研究所特聘研究員

目　錄

第一章

AI 領域概論

明日世界—奇幻的少年 AI

　　奇奇是大學一年級的學生，平常上課除了有數位遠距課程外，也有須到校上課的實作課程。

　　「鈴鈴鈴鈴～奇奇，現在是早上七點整，您目前正處於快速動眼期，可以起床準備上學去囉！」語音貼身助理 coco 準時在前一天設定的鬧鐘時間響起。奇奇睡眼惺忪地說：「coco，再讓我睡十分鐘。」「好的，經過計算，包括吃早餐與上學路途時間，七點十分起床不會遲到，已設定好十分鐘後的鬧鐘。」十分鐘後，語音助理 coco 聲音傳進奇奇的耳朵裡「現在是早上七點十分，該起床囉！今天的課程是早上八點十分，要趕快起床，不然會遲到。」奇奇起床後，站在 AI 鏡子前面嘀咕：「今天不知道要穿什麼衣服才好？」AI 鏡面顯示：「今天是禮拜二，戶外溫度最高 33℃，最低 29℃，天氣晴朗，依紀錄判斷，奇奇今日下課後喜歡去運動，建議可穿著透氣短袖上衣與運動褲，以下是衣櫃裡所有合適衣服的選項。」奇奇利用 AI 鏡子虛擬試穿著幾件不同的上衣與褲子，決定好白色運動上衣與淺藍色的籃球短褲後，衣櫥裡的智能機械裝置自動準備好衣褲，讓奇奇可以快速著裝。

　　出門後，奇奇決定去他最喜歡的無人便利商店買早餐，商店裡奇奇選擇了想要吃的現蒸小籠包，透過臉部辨識結合雲端帳戶，立即完成付款。在等待食物製作的過程中，奇奇總是會被美食機器人在製備食物的過程吸引著，滿心期待熱騰騰的早餐打包好送到面前。智能眼鏡突然跳出一則訊息：「奇奇，智慧居家系統偵測家中成員皆已出門，所有設定好的電器設備將一一關閉，達到節能減碳。」奇奇看完訊息後，開啟了手機中自動駕駛車的 APP，將學校的地址設定成目的地，不到 1 分鐘，一部自動駕駛車來到奇奇的面前，上車後，語音系統說：「奇奇您好，現在是交通尖峰時刻，本系統已判斷最省時路

徑，約 12 分鐘又 20 秒抵達目的地」。

準時抵達校園後，奇奇透過智慧校園系統搜尋上課教室途徑，螢幕上顯示：「奇奇好，您的第一堂課程為人工智慧導論，時間是 8 點 10 分，地點在教學 412 教室，由於目前電梯排隊的人數較多，若選擇搭乘電梯會遲到 3 分鐘，建議走左側樓梯上樓尤佳。」奇奇走上樓抵達 412 教室後剛好上課鐘響，而教室的臉部辨識點名系統紀錄所有學生到達時間，省去老師點名的程序。上課過程，老師使用智能教學設備演練各種 AI 應用主題讓同學們體驗與實作，同學們的上課表現會直接回饋在智能教學記錄平臺，將學生學習成效即時回饋讓授課老師知道。

下課後，奇奇與同學們到學校的智慧健身房門口，看到新奇的智慧型體適能儀表板，做了體適能前測，儀表板記錄與計算出奇奇目前的肌肉與身體狀態，並提供奇奇可以選擇進行的體適能訓練菜單。運動過程中，奇奇運用不同的生理訊號感測器，以無線傳輸的方式將訊號回傳到體適能伺服器中，並藉由人工智慧物聯網的運算結果，個人化儀表板會隨時提醒奇奇與同學們正確的運動方式，以達到最佳運動效果。

運動完後，奇奇選擇慢慢走回家，聽著昨晚運用 AI 編曲軟體所編輯的既古典又交響的流行曲風，此時居家智能小幫手已啟動家中的空調系統，達到最舒適的居家環境溫度。晚餐後，奇奇運用人力銀行中的 AI 模擬面試軟體，面試了許多工讀單位，之後與家人分享今日在校結交的新朋友以及課堂上有趣的授課內容。「祝奇奇有個美好的睡眠，晚安。」這是語音助理 coco 每晚的最後一句祝福。

奇奇一天的生活，伴隨著許多人工智慧的應用，包括語音助理、無人商店、自動駕駛車、智慧校園系統、智慧健身房、智能儀表板、AI 軟體等，最重要的還是與老師、同學、家人們相處的幸福時光。

選擇題

1. 下列選項何者配對為正確？

    (A) 語音助理→語音辨識

    (B) 自動駕駛→影像辨識

    (C) 教室臉部辨識→影像辨識

    (D) 以上皆是

2. 看完「奇幻的少年AI」後，下列選項何者不是「人工智慧」應該具有的功能？

    (A) 預測

    (B) 操縱或移動物品

    (C) 情感

    (D) 感知

3. 奇奇使用的「AI模擬面試軟體」應該具有哪些功能？

    (A) 語音辨識：辨識面試者之語調與內容

    (B) 臉部辨識：辨識面試者之情緒與表情

    (C) 預測：針對面試者之過程給予最終結果

    (D) 以上皆是

4. 奇奇使用的「語音助理」，下列何者敘述不正確？

    (A) 感知：接收奇奇所講出的語句

    (B) 預測：告訴奇奇最晚的起床時間

    (C) 操縱物品：設定鬧鐘

    (D) 情感：催促奇奇趕快起床

問答題

1. 請問奇奇的生活中有哪些人工智慧的應用？

2. 想想看，現在生活中已經可以看到哪些人工智慧的應用？

3. 動動腦，如果你是奇奇，你覺得生活中還有哪些事是可以使用人工智慧來幫助我們的生活？

4. 你看完「奇幻的少年AI」後，認為「人工智慧」是什麼？

Ans：

選擇：1. (D)　2. (C)　3. (D)　4. (D)

問答：（答案僅供參考）

1. 語音助理、無人商店、自動駕駛車、智慧校園系統、智慧健身房、智能儀表板、AI軟體。

2. 語音助理、手機APP動物影像辨識、自動駕駛與跟車系統、智慧手錶等。

3. 我希望有AI人工智慧選課系統，根據上學期的成績與個人興趣進行選課，以補足自己的不足、提升專業能力，並完成畢業修課學分數，如此一來，就不用每學期煩惱如何選課，更不用一直煩惱畢業修課學分數。

4. 人工智慧是讓電腦學習人類的思考邏輯與行為模式，透過大量讀取資料來學習，並透過感知、預測與自我校正，來進行物品操縱與移動。

AI 歷史與發展

在講人工智慧之前，我們應該先了解什麼是「智慧」？如何定義「智慧」？人是有智慧的動物嗎？這個問題最早是由被稱爲電腦科學之父—艾倫・圖靈（Alan Turing）（如圖 1-1）所提出。在電腦剛發明的年代，圖靈便提出了「Can a machine think?」的問題，這是一個哲學範疇的問題，他認爲電腦有能力透過模仿、觀察人類的行爲來思考。1950 年，圖靈在雜誌《思想》（Mind）發表了一篇名爲《計算機器和智慧》（Computing Machinery and Intelligence）的論文，提出了一著名的圖靈測試（Turing test），是說假設如果有一臺機器能夠與人類展開對話而不被辨別出其機器的身分，則稱這臺機器具有智慧。文章中除了提出圖靈測試之外，還有提及許多相當重要的概念，像是機器學習、遺傳演算法和強化學習等，至今都是人工智慧領域十分重要的分支。圖靈的生平故事還有被拍成電影—「模仿遊戲」（英語：The Imitation Game）。

圖 1-1　艾倫・圖靈（Alan Turing）

　　圖靈測試的概念是，如果一個人（代號 C）使用測試對象理解的語言去詢問兩個他不能看見的對象，這兩個對象一個是機器（代號 A），一個是人類（代號 B）。如果經過若干詢問任意一串問題以後，C 不能明確地分辨 A 與 B 的不同，則此機器 A 通過圖靈測試。（如圖 1-2）眾多在人工智慧領域研究的專家學者一直希望能讓機器通過圖靈測試，可惜的是一直沒有成功，圖靈測試也對後續的人工智慧發展產生巨大的影響力，像是智慧語音助理或是聊天機器人等，都是屬於當時圖靈測試的想法概念。

圖 1-2　圖靈測試（Turing test）示意圖
圖片來源：作者余執彰自製

　　1951 這個年代，馬文‧閔斯基（Marvin Minsky）提出了關於「思維如何萌發並形成」的一些基本理論，並使用只有 3,000 個真空管和 B-24 轟炸機上一個多餘的自動指示裝置來類比 40 個神經元組成網路的電腦，建立起第一個能自我學習的人工神經網路機器，SNARC（Stochastic Neural Analog Reinforcement Calculator），這是人們第一次模擬了類似神經訊號傳遞，對人工智慧的發展影響十分深遠。由於他在人工智慧領域的諸多成就且推廣有功，在 1969 年，年僅 42 歲的馬文‧閔斯基獲得了電腦科學領域的最高獎項─圖靈獎（Turing Award），他是第一位獲此殊榮的人工智慧學者。

一、1956 年達特茅斯會議（如圖 1-3）：AI 問世與第一次 AI 浪潮

　　1956 年，在人工智慧歷史上意義非凡的夏天，在美國的達特茅斯學院召開了一場為期六週的腦力激盪式的研討會，稱之為「達特茅斯夏季人工智慧

圖 1-3 達特茅斯會議，人工智慧的誕生
圖片來源：http://www.ifuun.com/a2018021710169979/

研究會議」，召集達特茅斯學院的約翰・麥卡錫（John McCarthy）、哈佛大學的馬文・閔斯基（Marvin Minsky，人工智慧與認知學專家）、貝爾電話實驗室的克勞德・香農（Claude Shannon，資訊理論的創始人）、艾倫・紐厄爾（Allen Newell，計算機科學家）、赫伯特・西蒙（Herbert Simon，諾貝爾經濟學獎得主）、塞弗里奇（Oliver Selfridge）等科學家一同與會。

在這次研討會中，麥卡錫的術語「人工智慧」（Artificial Intelligence, AI）這個透過機器模擬人類智慧之名詞，第一次被正式使用，提出「能夠精確地描述學習的每一方面或者智慧的任何其他特性，使人們可以製造模擬這些特性的機器」等論述，所以麥卡錫也被稱作人工智慧之父，他所開發了程序語言 Lisp（List Processing language），成為第一個最流行的 AI 研究程序語言，他還提出了計算機分時（time-sharing）的概念，於 1971 年獲得了圖靈獎。但其實麥卡錫的主要研究方向正是電腦下棋，$\alpha\text{-}\beta$ 剪枝演算法正是他著名的發明。與會者除了討論當時電腦科學領域尚未解決的問題之外，包括自然語言處理和神經網路等議題，正式宣告人工智慧成為一門專業的科學領域。三年後，馬文・閔斯基與約翰・麥卡錫在麻省理工學院（MIT）共同成立了 MIT 計算機科學和人工智慧實驗室（CSAIL），直到今天仍具有領軍地位。

經過達特茅斯會議後，人工智慧的誕生與人類的初次會面，為世人們點燃

了這未知且充滿可能性領域的熱情。對這些人而言，這新興科技可以「智能」地解決代數應用或幾何證明，甚至可以學習英語。在當時，學者們有人大膽且樂觀的預測，20 年後將出現完全智能的機器。雖然至今我們尚未見識到此項預測所述之機器，但其卻對未來幾年的人工智慧帶來極大的影響。

1963 年，美國國防部高級研究計畫局（DARPA）給麻省理工學院、卡內基梅隆大學的人工智慧研究組投入了 200 萬美元的研究經費，約翰‧麥卡錫激勵麻省理工學院建立了 Project MAC（Mathematics and Computation），此項目便是麻省理工學院電腦科學實驗室的前身。研究人員包括了當時為人所知的人工智慧科學家馬文‧閔斯基，為培養出在 AI 領域中之中流砥柱人才，亦在視覺和語言理解等領域之系列研究注入新血。Project MAC 不但為計算機科學和人工智慧培養了首批研究人才，同時也為之後人工智慧研究產生深遠影響。後來麥卡錫任職史丹佛大學時也協助設立了史丹佛人工智慧實驗室（Stanford Artificial Intelligence Laboratory，SAIL），與 Project MAC 相互競爭與發展。

隨後的幾年中人工智能繼續發展，在人機對話、機器推導和機器翻譯等領域取得了一些進展。其中的人機對話，機器能透過自然語言與人進行交流是人工智慧其中一項重要的目標。麻省理工學院的約瑟夫‧維森班（Joseph Weizenbaum）教授在 1964 年到 1966 年間建立 ELIZA，是世界上第一個以自然語言進行對話程序的聊天機器人，ELIZA 通過簡單的模式匹配和對話規則與人聊天，有趣的是，與 ELIZA 聊天的人們有時會誤以為在跟人類聊天，ELIZA 初次粉墨登場時，即令世人驚嘆，對於日後的智慧型手機語音助理像是 Apple iPhone 的 Siri 影響甚遠；同時，世界上第一個人形機器人 Wabot－1 在 1967 年到 1972 年間問世，由日本早稻田大學所發明，可以進行簡單的日語對話，並能測量空間中距離與方向，另外可利用雙腳行走和搬運物體，1980 年更新到了二代版本 Wabot－2，增加了閱讀樂譜和演奏普通難度的電子琴功能，研發者加藤一郎也被賦予「人形機器人之父」。

二、AI 第一次寒冬

然而，當時 AI 的一些進展速度與成果，遠遠達不到公眾期待，例如，馬文‧閔斯基曾在記者會上說電腦智慧能在 30 年內超越人類，但如今都尚未實現，表示第一批 AI 的前輩們過於低估了實現人工智慧的難度。當時的人工智

慧能解決問題，但充其量也只是問題中最簡單的部分。另外，人工智慧需要快速的計算能力，而那時電腦中有限的記憶體內存卻無法追上大量的數學運算。另一方面，在視覺與自然語言當中存在著巨大的可變性，人工智慧在學習此領域訊息時，必須投入大量的資訊，但在 70 年代沒有技術可以負荷如此龐大的資料庫。因此這樣的條件下構成了難以逾越的障礙。1965 年，哲學家德雷福斯（Hubert Dreyfus）撰寫了一篇名為「Alchemy and Artificial Intelligence」（鍊金術和人工智能）的報告，及其後續發表的「What computers can't do」（計算機不能做什麼）。將 AI 研究敘述成像煉金術似的，是一個沒有基礎的技術。對於人工智慧之負面評論越來越多，世人逐漸衰退的熱情和大幅度削減的投資額度，於 70 年代中期人工智慧之發展首次陷入了泥淖之中，AI 歷史上的第一次寒冬正式來臨，稱為 AI 冬天（AI Winter）。

三、專家系統與人工神經網路：AI 第二次的浪潮與興衰

到了 80 年代，對符號主義架構進行了重大修訂後的專家系統（Expert system）與人工神經網路（Artificial neural network）技術上有了新的進展，並引領了 AI 發展史的第二個春天。專家系統之父，愛德華・費根鮑姆（Edward Feigenbaum）在 20 世紀 60 年代開始進行專家系統的早期研究。簡單來說，專家系統就是一套程序，具有專家知識以及豐富經驗的計算機智慧系統，將系統分為知識庫（Knowledge Base）和推理引擎（Inference Engine）兩部分，主要在一項專門領域中的知識推演出一組專業的邏輯規則，可用來回答此特定領域專家才能解決的問題。專家系統避免了應用廣泛的常識問題，將方向縮限在特定的專一領域。這樣導致其簡單的設計亦容易修改或編成程式，大大的提升人工智慧的實用性。

1980 年，由卡內基梅隆大學和迪吉多公司（DEC）研發的 XCON（eXpert CONfigurer）系統成為專家系統組新的成功案例。這套專家系統目的是依據不同用戶需求，幫助 DEC 為自動選擇計算機零件組合，XCON 最初設在新罕布夏州薩利姆的工廠，大約有 2500 條規則，XCON 當時加速組裝流程和增加客戶滿意度，為迪吉多公司每年節省四千萬美元。XCON 的成功再次喚醒工業界對專家系統的熱情。為了進一步提升計算效率，有國家與公司專門研製

Lisp Machine 來支持更複雜的專家系統，一種通過硬體支援為了有效運行 Lisp 程式語言而設計的通用電腦，Lisp 是當時研究 AI 領域常用的程式語言。1981 年，日本經濟產業省撥款 500 億日元支持第五代計算機項目，其目的在於利用「邏輯論證」大量的平行計算開發出一臺劃時代電腦，使其擁有超級電腦的運算效能與人工智慧能力，目標一樣是造出能夠人機互動、影像分析、翻譯語言，能夠像人一樣推理的運算電腦，其他國家也紛紛開始響應重新燃起 AI 發展，像是英國耗資三億五千萬英鎊的 Alvey 工程；美國企業協會組織 MCC（Microelectronics and Computer Technology Corporation，微電子與計算機技術集團），向 AI 技術提供大規模資助項目。人工智慧發展的方向隨著專家系統的成功也逐步改變了，儘管這和人工智慧系統科學家建立人工智慧的初衷並不完全一致，但這些科學家開始專注使用人工智慧系統來解決具體領域的實際問題。

　　另一方面，人工神經網路的研究也取得了重要進展。1982 年，約翰・霍普菲爾德（John Hopfield）提出了霍普菲爾德網路（Hopfield net），是一種結合儲存系統（Associative memory）和二元系統的神經網絡，這提供了人類記憶模擬的模型。1986 年，反向傳播算法（Backpropagation）引發了一場人工神經網路的熱潮。反向傳播算法由大衛・魯梅爾哈特（David Rumelhart）等學者一齊發表之演算法，其實驗中展示，在反向傳播算法訓練過程中，可以在神經網路的隱藏層裡，使其能學習何以有效表達所輸入之數據。90 年代神經網絡獲得了商業上的成功，反向傳播算法被廣泛用於人工神經網路的訓練，也被應用於光學字符識別和語音識別軟體。

　　不久之後，學者們發現專家系統更新迭代和維護成本同樣非常高，同時數據缺乏與計算性能的問題也沒有得到根本性的解決。80 年代後期，日本的第五代計算機工程宣告失敗，卡爾・休伊特（Carl Hewitt）認為大部分第五代計算機的工作只是試著用邏輯程序去解決其他手段已經解決的問題。一系列的負面事蹟使剛以專家系統為代表的人工智能領域再次遭遇寒冬。這次的低谷被稱為人工智慧第二個冬天，是一段資金及學術界研究興趣都大幅減少的時期。人們認為人工智慧開發所帶來的商業價值有限且開發成本高昂，對專家系統過高的期望出現了負面的效果，這導致了人工智慧再次遭遇一系列的財政問題。商業機構對 AI 的吹捧與冷落，符合當時經濟泡沫的經典模式，泡沫的破裂也在

政府機構和投資者對 AI 的觀察之中。隨著電腦硬體性能不斷地突破升級，更多人傾向於選擇成本低廉的個人電腦而非昂貴的 Lisp Machine。綜觀這兩次的 AI 冬天，追根究底的原因幾乎一樣，都是對於人工智慧的技術能力估計過高而低估面對實際要解決的問題與困難，尤其是系統所需要的數據規模與計算能力。儘管遇到各種批評，AI 領域仍在不斷前進，雖因當時的計算機性能的限制，未能取得工業級的應用，但是這一次的蓄力，再加上互聯網時代的到來，為第三次的興起和爆發奠定了基礎，AI 的發展也會以一種新的形式重新獲得大家的重視。

四、AI 鋒芒畢露

　　90 年代後，AI 經過了充滿許多阻礙的起伏，科學家們更加理智，也更加專注於解決具體的 AI 技術。在過去對於人工智慧有著過多美好的目標，讓學者遇到了無法突破的瓶頸，但並未打擊人工智慧在未來的發展，反而更加堅韌。人工智慧在這個時期開始引入高等代數、概率統計與優化理論，藉由數學語言打下的穩固基礎，讓人工智慧在研究成果上有著更為嚴謹的驗證。這讓人工智慧開始應用於解決實際問題，安全防護監控系統、語音識別、網頁搜索、購物推薦與自動化算法交易逐漸問世。這些應用得以成功主要來自人工智慧在學術上發展許多模型及理論，包括統計學習理論（Statistical learning theory）、支撐向量機（Support Vector Machines）、概率圖模型（Probability graph model），這些方法帶來了傳統的機器學習方法的理論研究和應用，縱使機器學習在 1957 年就被阿瑟‧薩繆爾（Arthur Samuel）提出。

　　進入 21 世紀，大數據和電腦技術的快速發展使得許多機器學習的技術開始成功應用於經濟社會的問題。現今電腦晶片的計算能力快速發展，早早超越了過往全球最快的超級電腦。2012 年，深度學習逐漸興起，在數據和計算能力指數式增長下，人工智慧的熱潮再次掀起。多倫多大學利用深度學習開發多層神經網路 Alex Net 一舉奪得全球範圍的影像辨識算法競賽 ILSVRC（也稱為 Image Net 挑戰賽）冠軍。Alex Net 錯誤率為 16%，大幅度超越了使用傳統機器學習算法的第二名，這次比賽的成果讓深度學習被應用在語音識別、影像分析、影像理解多個應用領域，在人工智慧學界引起了廣泛的關注。驗證新

技術是否足夠好的最好方法就是和其他方法以及人類進行比賽，2011 年 IBM 開發的自然語言問答計算機「華生」（Watson）在益智類綜藝節目「危險邊緣」中擊敗兩名前人類冠軍布拉德・魯特爾（Brad Rutter）和肯・詹寧斯（Ken Jennings），人們當時驚呼，機器也會思考了嗎？機器要超越人類了嗎？到了 2016 年，Google 團隊 DeepMind 公司所開發的人工智慧圍棋程式 AlphaGo，在公開比賽中以四勝一敗的佳績擊敗了當代圍棋界傳奇性棋手李世乭，樹立了人工智慧技術的新里程碑，讓世人再次見證人工智慧技術的發展。2017 年在烏鎮圍棋峰會最新的強化版 AlphaGo 與世界排名第一的中國棋手柯潔比試最終連勝三盤。而新一代利用自我對抗迅速自學圍棋 AlphaGo 進一步發展出更新且利用自我對抗迅速自學圍棋的演算版本 AlphaGo Zero，對上舊版本 AlphaGo，竟拿下 100 勝 0 敗的驚人成績。AlphaGo 的幕後推手黃士傑，是土生土長的臺灣人，所以大家必須相信，臺灣的人才其實是絕對有能力站在世界頂尖的位置上（如圖 1-4）。

圖 1-4
圖片來源：https://www.bnext.com.tw/article/38931/BN-2016-03-15-130754-117

最後，我們小小的總結一下，人工智慧的發展可分爲三波（如圖 1-5），第一波在 1950 到 1960 年，當時思考的出發點是嘗試將人類邏輯推理能力放進電腦裡，但結果失敗了。因爲每個人的邏輯推理能力都不盡相同，很難找出判斷的準則。第二波在 1980 到 1995 年間，嘗試將「條件規則」放進電腦裡，此技術被稱爲「專家系統」。不過當時失敗的原因在於科學專家發現仍有太多的知識無法靠規則來解決。即便如此，專家系統部分的技術仍體現在現代飛機的駕駛上。第三波在 2008 年迄今，新興起的機器學習技術蔚爲人工智慧發展的主流，機器學習就是讓機器擁有像人類一般的學習能力，比如讓機器閱讀了大量的資料後，進而做出結論。值得注意的是，這邊的分法並不是特定某個時間點才開始有學術研究，早在「專家系統」時期機器學習的研究已在進行，這三波的發展指的是該技術研究與應用的黃金期。AlphaGo 被認爲是人工智慧的一項指標性發展，這讓世人又再一次的爲人工智慧掀起一番熱潮。許多國家政府和企業，更是開始陸續投資人工智慧，並將人工智慧視爲未來發展的重要事件。此波的 AI 浪潮會不會潮落我們都不知道，但是可以確定的是，此浪潮現在正在光芒畢露中。

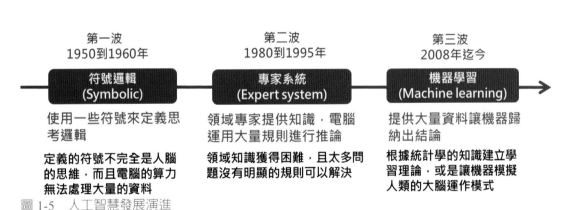

圖 1-5　人工智慧發展演進
圖片來源：作者余執彰自製

五、台灣人工智慧發展史

台灣於 2017 年大力推動「五大 AI 科研戰略」，以提升科技競爭力爲願景，建構以 AI 爲主的創新生態環境，包括 (1) 建構 AI 主機，有效整合資源，提供大規模共用、共享的高速運算環境，讓產業與學研界能專注於深度學習及

大數據分析的技術發展與應用開發，並孕育 AI 技術服務公司，形成區域創新生態體系；(2) 設立 AI 創新研究中心，透過 AI 將臺灣推向國際，正式成立四個研究中心，深耕人工智慧的人才與技術研發，同時加入人文、社會等未來人工智慧於實際應用時所面臨議題之研究，形成世界級 AI 研發聚落，以培養充足的 AI 人才；(3) 打造智慧機器人創新基地，落實機器人軟硬整合與創新應用，培育跨領域動手做的創新人才；(4) 半導體射月計畫，將開發應用於各類終端裝置上的 AI 技術，培育 AI 產業發展急需之頂尖半導體製程、材料與晶片設計人才，並積極投入優勢技術及新興產業，以打造有感智慧新生活；(5) 科技大擂台，以擂台賽方式設定重大挑戰課題，推出「與 AI 對話」等競賽，帶動全民親近 AI，為競賽建置的中文語音大數據庫，將開放學研與企業授權使用，促進後續加值應用。

選擇題

1. 第一次提出「人工智慧」的會議何時、何地舉行？

    (A) 1949年、日本

    (B) 1956年、美國

    (C) 1989年、德國

    (D) 2000年、英國

2. 三個階段人工智慧的開啟時間，下列何者正確？

    (A) 1940→1970→2005

    (B) 1950→1980→2008

    (C) 1960→1970→2010

    (D) 1980→1990→2000

3. 人工智慧的演變有三個階段的發展，請問何者發展順序正確？

    (A) 符號邏輯→專家系統→機器學習

    (B) 專家系統→符號邏輯→機器學習

    (C) 符號邏輯→機器學習→專家系統

    (D) 專家系統→機器學習→符號邏輯

4. 下列何者敘述為否？

    (A) 機器模擬人類的智慧稱之為「人工智慧」

    (B) 第一次的AI冬天是因為電腦效能過低，導致無法實現人工智慧

    (C) 專家系統可分為知識庫與蒐集引擎

    (D) 機器學習可包含統計學習理論、支撐向量機、概率圖模型等模型與理論

5. 著名的人工智慧應用，下列選項何者對應正確？

    (A) 多層神經網路Alex Net：影像辨識

    (B) 華生：益智類綜藝回答

    (C) AlphaGo：圍棋對戰

    (D) 以上皆是

6. 引領現今人工智慧技術發展的重要技術為？

　　(A) 專家系統

　　(B) 機器語言

　　(C) 機器學習

　　(D) 符號理論

7. 讓機器可以跟人類進行對話的軟體設計稱為？

　　(A) 聊天機器人（chatbot）

　　(B) 對講機（walkie talkie）

　　(C) 即時通訊（real-time messaging）

　　(D) 電話答錄機（answering machine）

問答題

1. 測試機器是否具備智慧的測試方式稱為＿＿＿＿＿＿＿。

Ans：

選擇：1. (B)　2. (B)　3. (A)　4. (C)　5. (D)　6.(C)　7. (A)

問答：

1. 圖靈測試

機器學習困難嗎？

　　機器學習指的是讓機器擁有人類的學習能力，目前已成為人工智慧中相當熱門的研究領域之一。人的學習能力是指看了大量的資料後，能對這些資料做出結論。最近常常聽到的深度學習、神經網路就是機器學習的一個分支。到目前為止，絕大部分的機器學習技術還是侷限在讓機器在受限的環境下完成學習。有部分的人員在研究讓機器自行摸索出與環境互動的方式，稱為強化式學習（reinforcement learning）。

　　機器學習的範疇，好比我們上網的時候曾搜尋皮包這個商品，後來在瀏覽其他網頁時，會出現一些皮包的廣告資訊，這是「推薦引擎」；又好比我們在電腦打字打了一句「我今天要」，後面會自動出現「我今天要去……」的字串，這是「預測系統」。常見的應用如 Apple 的 Siri、Google Assistant、Amazon Echo 等「語音控制」，其他應用例如：精準廣告、垃圾郵件過濾、醫學診斷、自然語言處理、搜索引擎、詐騙偵測、證券分析、視覺辨識、語音識別、手寫識別等。

一、人類的學習

　　在討論機器學習之前，讓我們探討一下人類的學習（Learning）。人類的學習其實是一種擷取新的或是修正現有的知識（Knowledge）、行為（Behavior）、技能（Skills）、價值觀（Values）或喜好（Preferences）等的過程。

　　人類終其一生，可以說是處在持續學習的過程，而且學習的進展其實相當快速。舉例說明，嬰兒出生不久，對於母親的面容就會有直接反應。剛會笑的嬰兒，若您在嬰兒面前雙手重複遮臉與打開，都會把嬰兒逗笑。由此可見，人類大腦對於臉部偵測與辨識（Face Detection & Recognition）這件事，在嬰兒階段就已經具備相當不錯的學習能力。

　　當你小時候看到一個動物，媽媽說：那是一隻馬。這個資訊其實是非常有限的。你能做的就是透過觀察你獲得的輸入刺激（例如視覺、聽覺）來判斷，我們在腦海中就已經開始記住馬的樣子（或特徵）。經過一段時間再回到動物園，但在我們面前的這隻馬，其實可能不是之前出現的同一隻馬，但我們會知道它叫做「馬」。接著，當我們看到「斑馬」，媽媽的回答，我們應該會欣然接受，馬上可以理解它是「有斑紋的馬」。然而，當我們逛到動物園的另一角，此時出現「河馬」，媽媽的回答應該會使得我們滿頭霧水（圖 1-6）。由此可見，人類對於視覺上的物件偵測與辨識（Object Detection & Recognition）這件事，在很早期就已經具備相當不錯的學習能力。

圖 1-6　馬、斑馬與河馬

圖片來源：https://www.cup.com.hk/2018/05/14/evolutionary-bottleneck-from-selective-breeding/

　　　　　　https://read01.com/AJLOMBo.html#.XhhM6f4zaUk

　　不僅如此，人類大腦的學習同時具有延展性，能夠以此類推或觸類旁通，雖然不一定能用文字具體描述物件（例如：馬）的特徵，但已經能夠在腦海中歸納與統整物件與物件之間的相似性。俗諺：「一朝被蛇咬，十年怕草繩」，

更是顯現人類大腦在視覺學習能力方面具有延展性。

　　相對而言，人工智慧技術的發展，其中以機器學習技術為主軸，目的是模仿人類的學習能力，同時具有延展性，則變成是相當具有挑戰性的研究議題。經過數十年人工智慧技術的發展，直至最近為止，電腦科學家在臉部偵測與辨識（Face Detection & Recognition）或物件偵測與辨識（Object Detection & Recognition）方面，才發展出比較具體的解決方案，例如：深度學習（Deep Learning）技術等，使得人工智慧領域，變成相當夯的研究領域，同時也帶動人工智慧技術的相關應用，進入前所未有的局面。

二、人工智慧技術的研究重點

　　人工智慧技術的研究重點，如圖 1-7。

圖 1-7　人工智慧技術的研究重點

　　早期的人工智慧技術是以「推理」（Inference）為研究重點，因而產生許多電腦演算法（Computer Algorithms）。然而，這些人工智慧技術僅能解決「玩具」問題，無法滿足人類對於人工智慧的預期。

　　專家系統（Expert System）的出現，使得人工智慧進入第二次黃金年代，這個年代是以「知識」（Knowledge）為研究重點，仰賴特定領域的專家提供知識與經驗法則，藉以建構專家系統。然而，自然界中的問題通常相當複雜，經常無法定義明確的知識與經驗法則，加上專家知識與輸入資料的取得不易，使得專家系統只能解決特定領域的問題。

　　目前，人工智慧技術的快速發展，主要歸功於機器學習技術的出現，此時是以「學習」（Learning）為研究重點。機器學習技術牽涉的電腦演算法，使得機器（或電腦）可以自動進行學習，不僅能夠根據已知的輸入資料，進行統

計分析自動搜尋規律性，還要能夠對於未知或新的資料，進行判斷或預測。

三、機器學習的種類

　　機器學習可以根據其學習方法，分成下列三大類（如圖 1-8）：

1. 監督式學習（Supervised Learning）
2. 非監督式學習（Unsupervised Learning）
3. 增強式學習（Reinforcement Learning）

圖 1-8　機器學習的方法

1.監督式學習

　　監督式學習（Supervised Learning），顧名思義，指的是在學習的過程，需要監督者（Supervisor）的介入。以人類的學習方法而言，從小到大，您可能會從爸爸、媽媽、學校老師等身上學習，他們扮演監督者的角色，告訴您什麼是對的、什麼是錯的；或是告訴您這是什麼、那是什麼等。

　　同理，監督式學習是機器學習最典型的方法，仰賴監督者的介入，通常是由電腦科學家擔任，透過輸入大量的訓練資料（Training Data），藉以建立數學模型（或函數）。並根據這個訓練好的數學模型（或函數），預測新的或未知的測試資料（Test Data）。由於訓練資料的建立，通常是由電腦科學家先根據已知的標準答案給與標籤，因此訓練資料也經常稱為標籤化資料（Labeled Data）。

　　典型的監督式學習方法，包含：線性迴歸（Linear Regression）、邏輯迴歸（Logistic Regression）、貝氏分類器（Bayes Classifier）、支援向量機（Supper Vector Machine）、k－最近鄰演算法（k-Nearest Neighbor Algorithm）、決策樹（Decision Tree）、人工神經網路（Artificial Neural

Network, ANN）、卷積神經網路（Convolutional Neural Network, CNN）等。

2. 非監督式學習

　　非監督式學習（Unsupervised Learning）與前述監督式學習相反，在學習過程中沒有監督者的介入。以人類的學習方法而言，則比較像是自發性的學習，透過歸納事物的相似性進行自我學習（即前述的以此類推、觸類旁通）。舉例說明，當我們在動物園被媽媽告知某物件是馬之後，我們的大腦會自行記住馬的特徵，並產生奇妙的學習行為，使得之後我們即使在故事書中看到馬的圖片時，會自行歸納與辨識出牠們之間的相似性，能夠馬上反應與知道故事書中的圖片也是馬。

　　同理，非監督式學習是機器學習的方法之一，無須仰賴監督者的介入。通常是透過大量的資料輸入，並根據數學工具或統計分析，自行搜尋資料之間的相似性，進而產生分類的輸出結果。

　　典型的非監督式學習方法，包含：群聚法（Clustering）、最大期望演算法（Expectation-Maximization Algorithm, EM Algorithm）、高斯混合模型（Gaussian Mixture Models）、主成分分析（Principal Component Analysis, PCA）、生成對抗網路（Generative Adversarial Network, GAN）等。

3. 增強式學習

　　增強式學習（Reinforcement Learning）是另一種學習方式，主要是源自心理學的行為理論。我們小時候，爸爸媽媽可能不會直接教您如何學習或是如何做，但是會透過獎勵與懲罰的機制，使得我們對於賞罰的預期，產生能夠獲得最大利益的習慣性行為。

　　同理，增強式學習是使得機器（或電腦）能夠與周遭的環境互動，同時針對產生的行為結果給予獎勵或懲罰。機器（或電腦）則會傾向執行被給予獎勵的正面行為，因此增強式學習比較像是嘗試錯誤（Trial and Error）的學習過程。

　　由於機器（或電腦）可以不斷的進行學習，加上近年電腦硬體的快速發展，計算能力更為強大，增強式的機器學習在人工智慧領域中具有相當不錯的潛力。舉例說明，AlphaGo 圍棋軟體的獎懲可以定義為圍棋對奕的勝敗，首先可以輸入大量的圍棋大師棋局進行前述的監督式學習，同時加入增強式學習的

機制，使其對於勝出的目標，產生預期的習慣性行為。不僅如此，增強式學習使得 AlphaGo 甚至可以自己與自己對奕，快速增強自己的圍棋實力。若您觀看 AlphaGo 與李世乭的對奕影片，您會注意到，AlphaGo 不僅能預估對手接下來可能的棋步，同時能夠隨時評估自己的勝率。

　　典型的增強式學習方法，包含馬可夫鏈決策（Markov-Chain Decision）、蒙地卡羅法（Monte Carlo Method）、Q─學習（Q-Learning）等。

選擇題

1. 目前的人工智慧技術，主要是以下列何者為研究重點？

   (A) 推理

   (B) 知識

   (C) 學習

   (D) 以上皆非

2. 機器學習的方法中，須仰賴監督者的介入，透過大量的訓練資料，藉以建立數學模型，進而產生分類結果，稱為：

   (A) 監督式學習

   (B) 非監督式學習

   (C) 增強式學習

   (D) 以上皆非

3. 機器學習的方法中，透過大量的訓練資料，並根據數學工具或統計分析，搜尋資料之間的相似性，進而產生分類結果，稱為：

   (A) 監督式學習

   (B) 非監督式學習

   (C) 增強式學習

   (D) 以上皆非

4. 機器學習的方法中，透過與周遭的環境互動，同時針對產生的行為結果給予獎勵或懲罰，稱為：

   (A) 監督式學習

   (B) 非監督式學習

   (C) 增強式學習

   (D) 以上皆非

問答題

1. 請概略說明人類的學習方法。

2. 試列舉典型的機器學習方法。

Ans：

選擇：1. (C)　2. (A)　3. (B)　4. (C)

問答：（**答案僅供參考**）

1. 人類的學習是一種擷取新的或是修正現有的知識、行為、技能、價值觀或喜好等的過程。

2. 監督式學習、非監督式學習、增強式學習。

AI 與人文的對話

　　一直以來電腦科學界有圖靈獎（Turing award），相當於電腦界的諾貝爾獎。一般來說，每年圖靈獎只會頒發給一名電腦科學家，但 2018 年的圖靈獎極罕見的頒給了三位對人工智慧領與成果超卓的科學家－辛頓（Geoffrey Hinton）、勒昆（Yann LeCun）和班吉歐（Yoshua Bengio），人稱「人工智慧三巨頭」。由此可見過去這幾年人工智慧突破性的發展。

　　用一句話來描述人工智慧的話，我們可以這麼說：要讓機器看起來像人，甚至比人還強。那人類會的技能有哪些呢？人類會推理（reasoning）、表達（knowledge representation）、規劃（planning）、學習（learning）、溝通（communication）、感知（perceptron），人類具有這些強大的能力，而這些能力對機器來說，卻是非常難以模擬的。

　　過往人工智慧領域的發展我們會著重在技術面，但其實現在科技的進步，人工智慧技術在這四、五年有了非常驚人的成長，現在已到達技術的成熟期，早先拓荒期的時候大家會注重在怎麼樣可以讓技術變得更好，進入成熟期之後我們就會開始探討非技術面的問題。人工智慧技術其實不是新的東西，在六、七十年前就已經在探討了，在很多場域也有實際應用，例如飛機的自動駕駛技術，也可以視爲是一種人工智慧技術的應用，但直到最近才開始真正的影響到一般普羅大眾的生活。

　　很多人還有一個迷思，認爲人工智慧就是工程領域人員才需要了解的東西。然而，大家可以想一想，蘋果公司發表的產品，從設計、開發到生產的人都是工程師嗎？其實不然。Steve Jobs 對於 APPLE 產品生產的過程中非常強調，我們一個人除了科技上的知識之外，還需要一定的人文素養。這樣開發出的產品才能貼近一般人的需求。也就是說對於工科的同學來說，人文素養的培育相對來說是不夠的，因爲課程上聚焦在技術上占了太多比例。通識課程則是培養人文素養的一個很好的機會，Steve Jobs 強調一個好的人才不是只講求單

一領域的專精，而是同時廣泛涉獵其他的東西，這樣眼界才能寬廣，通識課程要帶大家的訓練，就是跳脫專業本質去思考更多的東西，這是給各位的概念。

在定義人工智慧的「智慧」之前，你可能還聽過相關的科技技術，比如5G、大數據、物聯網等，這些科技技術在未來將會大大改變人類的生活，所以我們想給各位看看一部影片【連結5G以後的世界】。

這部影片中其實不只有5G技術而已，5G是一種高速網路，它可以讓資料傳輸得很快，在一秒內可以下載好幾十G的資料，這是5G的精神。很多人會好奇為什麼網路的快速可以達成影片中所勾勒的事情，因為現在的科技技術都跟網路串聯在一起，比如影片中看到的無人自駕車、遠端醫療、無人商店、智慧農業等等。這些都非常依賴各式各樣的資訊科技，裡面不乏人工智慧。但這部影片最重要的重點不在技術本身，它在傳達一件事情：技術已存在，它改變了你什麼事情？整部影片強調的是人與人的之間關係，你可以看到日本很多的廣告在強調這點，這也是我們希望能帶給各位的感受。先進的科技不是取代人類，而是讓人類更加珍惜人跟人之間互動的過程。

套用中原大學通識中心的一句話：「科技抽離文化，只剩下知識堆砌，唯有揉合人文才能激發創意。」這樣的生活應用不是工程背景的人可以想得出來的，理工人才多在追求技術的突破，而非理工人才在產業應用更多扮演了專家的角色。

鴻海集團的董事長郭臺銘先生在早先提過要打造臺灣成為人工智慧的科技島，前經濟部及財政部部長李國鼎曾指出臺灣其實沒有足夠的天然資源，唯一擁有的礦產是「人礦」，「人才」是臺灣很重要的資產。而人才的培育是多面向的，在面對科技進入各行各業時，優秀的人才自然會有應對的方式。

也有人在煩惱，人工智慧會不會泡沫化？網際網路在90年代就已發明，

在約莫 2001 年左右曾發生網際網路的一次泡沫化，當太多人投入的時候，科技也是會泡沫。就目前看來，人工智慧仍在熱潮上，如何不讓它泡沫，就是必須真正在市場找到它可以拿來做什麼。

　　人工智慧之所以常被當作科幻電影與電玩的題材，除了吸睛的技術特效之外，更由於背後所牽涉的道德議題，值得我們去省思。以下幾部以人工智慧為主題的電影，滿足大眾對先進技術的想像，同時也能引發對科技倫理議題的探討，推薦大家去觀賞。

《變人》（英語：Bicentennial Man）
敘述一個會動、會說話的電子產品發展出人類的性格跟學習能力，最終決定讓自己成為真正的人類的故事。

《A.I. 人工智慧》（英語：A.I. Artificial Intelligence）
將人與人之間的情感交流作為人工智慧再進化的體現，本片拋出極具思考的議題－當機器人擁有自己的情感時，究竟是機器，還是人類？

《機械公敵》（英語：I, Robot）
描述在未來人與機器人相互信任並共存的世界中，為了保護全體人類免於被滅絕，而不惜殺害少數人的故事。依據生還機率的高低，來決定生存抉擇，對機器人來說是符合邏輯，但對人類來說則不然。

《雲端情人》（英語：Her）
講述的是一個男人失去了他的老婆，心碎不已。在一次偶然的機會下接觸了最新的人工智慧技術，在與人工智慧系統（女生）長時間的相處之下，兩人發現互相對對方產生特別的情愫，一是人類，一個是虛擬人物，這樣的感情關係是愛情嗎？

《成人世界》（英語：Chappie）
敘述機器人查皮被創造時心智與意識就像個小孩子，藉由人工智慧與機器學習，他不斷進化成為一個「人」，最後查皮超脫了一般的機器人，他有情感、有喜怒哀樂等情緒起伏。

選擇題

1. 人工智慧技術的終極目標是讓機器具備有什麼樣的能力？

　(A) 推理（reasoning）

　(B) 聯想（association）

　(C) 精通（mastering）

　(D) 資料處理（data processing）

問答題

1. 想像一個未來人工智慧技術可以幫助你在你的專業領域內完成的任務。要完成這個任務的情況下，是否會有其他可能潛在的問題？寫下你的想法。

2. 找一個你認為有導入人工智慧技術的網站／APP／電腦程式／機器等等。想一想為什麼你認為它具備人工智慧？它具備的能力又是什麼？

Ans：

選擇：1. (A)

深度學習是什麼？

　　回顧 AI 過去這數十年來的發展，最大的一個突破性技術就是深度學習。我們原本希望模擬出人類大腦學習的情況，但實際上深度學習技術跟人腦的學習過程並不全然相同。深度學習好比一套數學公式 y = f(x)，給一個輸入能得到一個輸出。事實證明在給予巨量的數據下，能讓機器做出非常精準的決定。

　　有趣的地方是，讓機器能做出精準決定的原因並不來自人寫的程式，而是極為大量的數據，讓機器自成規則，並利用那些規則去做出決定。

　　深度學習是類神經網路的一個分支，而類神經網路又是機器學習的一個分支，早在 80 年代類神經網路技術就已經被提出。

　　類神經網路之所以發明出來，是為了讓機器可以模擬出人類大腦的運作模式。而深度學習技術讓模擬人類大腦運作的目標又往前跨了一大步。此外，深度學習技術的發展，也讓電腦的正確率大大提高，甚至超越了人類的正確率。

　　在講深度學習之前，你得先了解類神經網路（Artificial Neural Network, ANN）。在了解類神經網路之前，你得先了解神經系統。神經系統是由大量的神經元（neuron）構成的複雜網路結構，而神經元是神經系統的結構與功能單位之一。神經元能感知環境的變化，再將信息靠著突觸（synapse）傳遞給其他的神經元，如圖 1-9。

　　類神經網路的相關研究其實很早就開始了。1943 年的 McCulloch 與 Pitts 合著的一篇論文中提到了「perceptron」一詞，描述了如何用數學模型來模擬出真正的生物大腦細胞，也就是神經元（neuron）接受外界刺激後產生的反應。

　　類神經元的數學模型（如下圖）其實很簡單，就是把外部接收（或其他神經元傳遞）來的訊號（x），經過一些加權總和（w 和 Σ），達到一定的數值以後便會激發產生輸出（y）傳遞出去，如圖 1-10。

　　如果階層式的串接這種架構，就會變成神經網路，如圖 1-11。其中，最左邊的是外界的輸入刺激，最右邊的是網路的輸出結果，中間的稱為隱藏層，

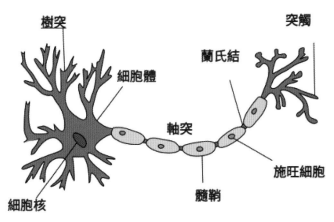

圖 1-9
圖片來源：維基百科 https://en.wikipedia.org/wiki/Neuron#/media/File:Neuron_Hand-tuned.svg

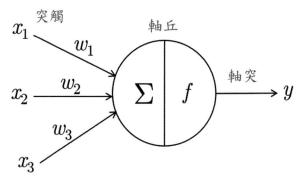

圖 1-10
圖片來源：余執彰作者手繪

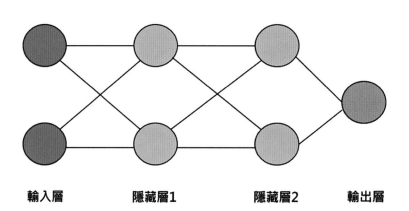

多層神經網路就是有輸入層—隱藏層—輸出層的架構，其中隱藏層可以很多層。

圖 1-11　神經網路的架構
圖片來源：余執彰作者手繪

目的是要進行複雜的數學運算。但早期因爲數學上無法證明這種多層神經網路的可行性，因此神經網路的發展上遭遇了瓶頸。後來 1986 年 Hinton 提出了史上經典的倒傳遞演算法（back-propagation），讓多層神經網路的架構得以被實現。

　　那爲什麼叫做「深度」學習呢？讀者們可以觀察到，當隱藏層的數量很多的時候，整個網路的架構就變得很「深」，因此取了個很酷的名字叫做「深度學習」，意思就是讓電腦用深層的網路結構來學習，如圖 1-12、1-13。

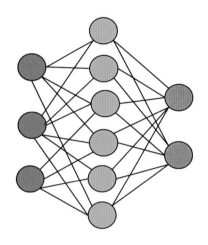

圖 1-12　淺層網路
圖片來源：余執彰作者手繪

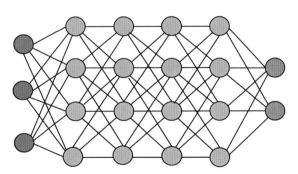

圖 1-13　深層網路
圖片來源：余執彰作者手繪

　　讀者們也可以發現到，如果把網路設計成只有一層隱藏層，但是有很多個神經元，也是可行的。這叫做淺層網路。如果是這樣，相較於淺層的設計，深

度學習的網路架構會不會讓電腦學習的更好呢？答案其實是有根據的。法國的神經科學家 Thorpe 的文章中指出，靈長類的大腦運作是一個階層式的架構，外界資訊在大腦內被層層轉譯，每層對資訊內容有不同的解讀與定義。

以圖像識別為例，影像的原始輸入是畫素（pixel），相鄰的畫素會組成線條，多個線條組成了形狀跟紋理，最後構成了物體。大腦在辨認物體的時候有「模組化」的現象，把不同的模組加以組合就變成了各種的物體。

深度學習的概念從 1989 年 LeCun 所提出，但當時並沒有得到太大的迴響，因為理論上是可行的，但是沒有足夠的數據可以證明神經網路可以發展到應用階段。後來經過了十年的發展，在 1998 年推出了用來辨認手寫的數字的模型 LeNet-5 嚴格來說，LeCun 並不是 CNN 的發明人，但是他是第一個把倒傳遞演算法用在 CNN 上並且完善 CNN 並有真正應用的人。CNN 需要高效能平行運算的能力，當時的電腦算力不足，因此類神經網路的研究也是沉寂了一陣子。直到近十年 GPU（俗稱的顯示卡）技術的發展可處理大量的平行運算，因此帶動了類神經網路技術的持續研究。而實驗證明，深層的類神經元的確有組合出更貼近人類感知的特徵，如圖 1-14。

深度學習的成果從 2012 年的這項比賽 Large Scale Visual Recognition Challenge（ILSVRC）中開始。2015 年的深度學習網路達到了僅有 3.57% 的錯

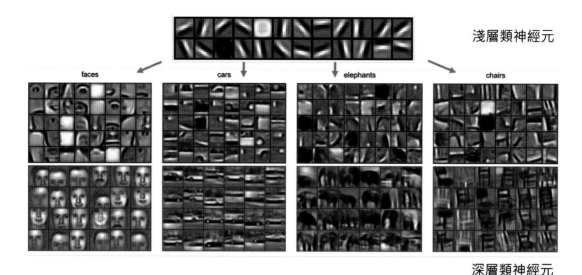

圖 1-14　淺層類神經元 vs 深層類神經元

圖片來源：https://www.embedded-vision.com/industry-analysis/blog/deep-learning-five-and-half-minutes

誤率，而人類的辨認錯誤率約為 5.1%，機器的判斷能力首次超越了人類，如圖 1-15。

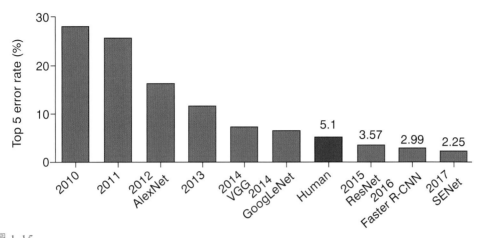

圖 1-15

圖片來源：https://playground.tensorflow.org/

　　為了讓更多人認識類神經網路的學習過程，Google 提供了一個網站讓大家體驗除了圖像外，人工智慧技術的另一個研究領域是自然語言處理（Natural Language Processing）。語言是人跟人溝通的媒介，自然我們會希望讓機器也可以理解人類的語言。除了使用 CNN 處理語句外，另一種使用的技術稱為循環神經網路（Recurrent Neural Network, RNN），RNN 算是一種有記憶的網路，會記住上一階段發生的事情。

補充學習資源：

為了讓更多人認識類神經網路的學習過程，Google 提供了一個網站讓大家體驗 https://playground.tensorflow.org/

在這個網站你可以隨意地改變輸入、輸出、神經元個數、隱藏層個數等等，然後觀察學習的結果。

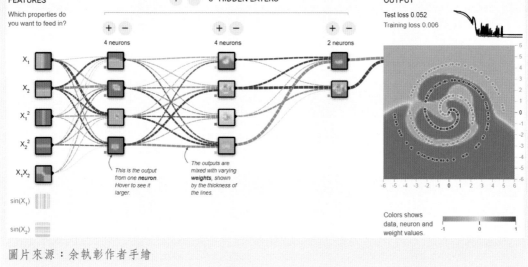

圖片來源：余執彰作者手繪

舉例來說，我問了一個問題：Is Taiwan a beautiful country?

得到以下的回答（如圖 1-16）。

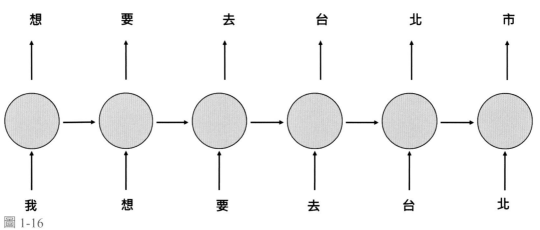

圖 1-16

圖片來源：余執彰作者手繪

Taiwan seems to have become known through countless documentaries in Japanese media, but not so much at home or abroad. With a history stretching out from early history up until the present as well as an ancient people that has developed in all the countries that we study. In addition to this, Taipei has a number of historical and educational significance due to the fact that the ancient culture and traditional practices exist there as well as the fact that it is a very beautiful place to study in.

Can you tell us a bit about Taipei in terms of our experience there? How did it differ from the rest of the world?

　　這個回答是機器回答的（https://talktotransformer.com/），2019 年 2 月，知名研究團隊 OpenAI 發表了簡稱為 GPT-2 的文本生成模型。研究團隊使用達 40 GB 的資料量，多達 15 億個參數來設計。然而，此技術發布時大家不是驚訝而是感到害怕，因為此技術的問世，極可能產生一秒鐘可產出一篇假新聞並且在網路上流竄而無法及時被驗證真偽，因此該團隊當時並未公開技術細節只公開研究結果，以避免技術被濫用。2020 年 OpenAI 團隊發表的新一版本的自然語言處理模型（稱為 GPT-3），為全世界參數最多的神經網路模型。

選擇題

1. 以下的理由哪一個不是近年來深度學習會如此熱門的原因？

   (A) 神經網路（neural network）是近年來全新的想法

   (B) 電腦算力的進步

   (C) 龐大的數據

   (D) 在視覺與語言領域有極佳的表現

2. 深度學習技術的基本精神是在模擬下述人類的什麼生理反應？

   (A) 大腦發出指令驅動四肢肌肉

   (B) 眼睛接受光線刺激後辨認場景

   (C) 膝蓋受到敲擊的肌肉反射

   (D) 以上皆是

問答題

1. 動物變變變—這個demo中AI會把你指定的一張動物圖片變成另一種動物。請嘗試著挑幾張圖片，做出有趣的轉換圖吧。https://www.nvidia.com/research/inpainting/selection

   （網頁為Nvidia公司所有，連結可能會失效）

Ans：

選擇：1. (A)　2. (B)

資料探勘的重要

　　古人觀天象得以知人事，這種觀察某些現象然後歸納出結果的智慧正是資料探勘的主要精神。資料探勘（data mining）是使用科學方法從資料集中採集出有用的資訊。如同採礦（mining）一樣，開採不同的礦產需不同工具，資料探勘使用統計、演算法、機器學習等資料分析的方法作為採礦工具，而資料集就是礦區，想在大量未整理雜亂的資料裡找出有用的資訊就如同採礦一樣困難，而這些有用的資訊也就如同礦產一樣的珍貴，我們稱為「知識」。

　　這些採集出來的「知識」可以拿來做什麼？資料探勘最有名的例子就是「尿布、啤酒」的故事（如圖 1-17）。透過分析大量的購物車清單，發現在週五晚上，這兩個看似不相干的物件，經常出現在同一個購物車內。這說明了透過資料探勘的過程，可以幫助人們找到「常識」以外的「知識」，而這些「知識」或許可成為人們拓展更多未知的領域的墊腳石。而「尿布、啤酒、星期五晚上」就是資料探勘使用「關聯分析」的採礦工具所找到的礦產（關聯規則）。如此類似的應用不勝枚舉，美國知名零售商 Target 利用資料探勘建立懷孕指數來預測會員顧客是否懷孕，以便在過程中推銷所需用品。加州警察利用大數據資料探勘來預防及打擊犯罪，Netflex 利用分析網路收視資料找出觀眾喜愛的劇情及演員組合，而有了紙牌屋（House of Cards）如此膾炙人口的電視劇。由此可見，資料探勘不只是複雜的數學統計或是資訊領域難懂的演算法，而是真正可用於解決人類生活周遭所遇到的問題。

圖 1-17　關聯規則—尿布啤酒

大致而言，資料探勘的方法可分下列幾大類：

一、聚類分析（Clustering）

聚類分析是一種統計方法，用於將相似的對象分為相應的類別。聚類分析的方法是將一個個資料（數據點）按照定義的「距離」進行量測，便可將「距離」較近的資料分在同一類。所找到的資訊（礦產）就是一群群分好的聚類（Cluster）及每個聚類代表的特性（中心點）。而如何定義「距離」，便會攸關聚類分析的好壞。

二、分類（Classification）與迴歸（Regression）分析

分類是一種常用的資料探勘方法，也是人們問題解決過程常用的決策方法，如醫生根據病患的症狀判斷可能是何種疾病。分類（Classification）是將資料（數據點）分配給目標類別或類。分類與聚類最大的不同是分類（Classification）針對目標類別找到類別的辨識方式而聚類是依據資料特性分類。以機器學習的角度來說，分類就是一種監督式學習，過程中要先指定要學什麼，有目的的學習；而聚類分析就是一種非監督式學習，先就資料進行學習，學習完後再由專家解釋判斷所找出的聚類是否具備意義。迴歸（Regression）分析是統計學的方法，目的在找到 X（自變數）的函數把 Y（應變數）關聯起來。

三、關聯規則（Association Rule）與模式分析（Pattern Discovery）

關聯規則也是另一個人們問題解決常用的方法，透過觀察或計算某些同時出現的現象，歸納出法則。關聯規則所開採的資訊礦產常以「若 A 則 B」的規則形式呈現。若「週五晚上」，「啤酒和尿布」會同時出現在同一個購物車；若「下雨」，就要「帶雨傘」。這些規則可以獨立存在，或將其關聯性進行整理，整理出決策樹的結果就可以作為某一特定問題的問題解決流程。常見的關聯規則分析方法有 Apriori algorithm，FP-growth algorithm 等。其中 FP 是指 Frequent Patterns 透過計算常出現的模式來找關聯規則，故關聯規則常與模式分析綁在一起，均利用相似方法進行資料探勘。

四、文字探勘（Text mining）

文字探勘顧名思義所採集的礦區是大量的文本，運用資料探勘的方法從文本中採集有用的資訊。開採的資訊礦產可以是文本關鍵字關聯（文字雲，如圖1-18）、摘要、甚至是文本的情感，都是可能的應用。與一般數據資料探勘最大的不同是文字探勘多為非結構化的資料而且需要先經過自然語言處理（natural language processing），而自然語言處理一直以來都是文字探勘的一大挑戰，畢竟要機器懂得人類語言本身就是很難解決的問題。然而文字探勘在近幾年發展的相當快速，主要原因是自然語言處理在人工智慧快速發展下有長足進步，許多以往難以突破的問題似乎都因AI有了答案。

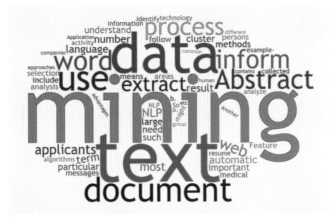

圖 1-18　文字雲
圖片來源：作者李國誠自製

五、社會網路分析（Social Network Analysis）

社會網路分析是近幾年逐漸受到重視的資料探勘方法，由於社群網路的興起，資料被有「關係」的串聯起來形成一個社會網路。這個複雜且龐大的網路就是社會網路分析所採集的礦區，所開採的礦產就是網路的特性如社會網路的密度，連結的強度，網路中各個小型社會（聚落分析）各個聚落的代表特性（中心性分析），各聚落間重要的關係人（中介度分析）等可以觀察此網路的特性。社會網路分析應用的範圍也相當廣泛，舉凡行銷推廣、學習分群，甚至金融投資皆可運用社會網路分析來解決問題，如圖1-19。

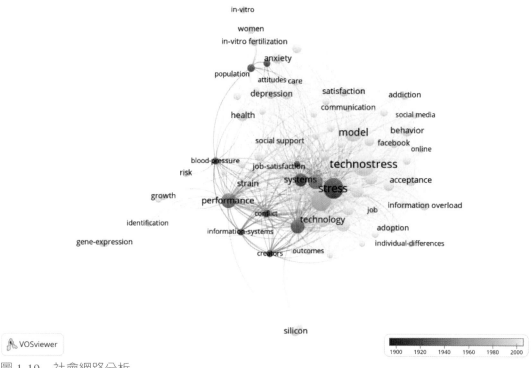

圖 1-19　社會網路分析
圖片來源：作者李國誠自製

六、空間分析（Spatial analysis）

　　由於近年來資訊的收集可同時夾帶地理資訊，這些空間資訊逐漸形成可開採的礦區，因此便有地理空間分析的發展，嘗試去理解（開採）這些空間資訊背後代表的意義。空間分析的應用相當廣泛，如城市規劃，疾病的擴散預測，環境資源等直接影響到人們的生活的應用。而分析方法（開採工具）可採用類似社會網路的聚落分析，群聚熱區，或應用關聯規則與模式分析，甚至迴歸模型皆可運用於空間分析上。

　　以上是資料探勘目前為止常見的六大類分析法。簡而言之，資料探勘隨大數據及 AI 時代的來臨，越發受到重視，逐漸從資訊領域的學科發展成獨立的科學理論——「資料科學」（DATA SCIENCE）。而其發展重心也逐漸從分析方法（採礦工具）轉移到資料（試圖找到更多礦產的礦區）本身，從以往「給我更快更好的工具，我就可以『算出』答案」到「給我更多的資料，我就可以『找到』答案」。而這些答案或許就是下一個範式轉移（Paradigm shift），帶領人類進到下一個全新境界。

選擇題

1. 「啤酒、尿布、星期五」的例子是資料探勘何者分析方法的體現？

    (A) 分類與迴歸分析

    (B) 社會網路分析

    (C) 關聯規則分析

    (D) 文字探勘

2. 下列何者是基於監督式學習的資料探勘方法？

    (A) 分類與迴歸分析

    (B) 空間分析

    (C) 聚類分析

    (D) 文字探勘

3. 下列何者非社會網路分析方法？

    (A) 中心性分析

    (B) 集合分析

    (C) 中介性分析

    (D) 聚落分析

問答題

1. 請簡述兩種資料探勘的類別並舉例相關應用。

Ans：

選擇：1. (C)　　2. (A)　　3. (B)

問答：（**答案僅供參考**）

1. 分類與迴歸分析：預測股市漲跌。

    空間分析：犯罪熱區。

    文字探勘：自動摘要。

    社會網路分析：重要中介人。

第二章
AI 專業技術介紹

生成對抗概念—AI 動漫好可愛

　　相信大家從前一章「AI 領域概論」的討論中，已經大致了解人工智慧及機器學習的概念了。現在我們就來聊聊機器學習中的一位「明星」：生成對抗網絡（Generative Adversarial Network，簡稱為 GAN）。人工智慧大師、圖靈獎得主 Yann LeCun 曾經這麼稱讚：「GAN 是『近十年來在機器學習上最有趣的主意』（the most interesting idea in the last 10 years in machine learning）。」

　　GAN 是機器學習專家 Ian Goodfellow 在 2014 年與朋友聚會時，靈光一閃，所提出來的想法。在那場聚會中，他們討論到傳統的監督式機器學習常常是很辛苦而沒效率的，科學家必須要先準備好大量的資料，並且以人工辨識的方法加以標籤化，才能對人工智慧進行有用的訓練。

　　Goodfellow 所提出來的新想法就是：乾脆一次運用兩個人工智慧，讓它們彼此對抗，就好像少年漫畫中的主角和他的競爭對手，就算它們一開始並不很高明，但在對抗的過程中它們就會彼此訓練而逐漸成長，最後就會成長為足以解決問題的人工智慧，而整個過程可以大大減少訓練所需的資料量，所以也被當作是一種非監督式學習。

　　GAN 這個方法現在有很多應用，但是最廣泛也最引人注目的應用，就是用來生成符合某種需求的圖片。

　　在 Goodfellow 等人的原始論文[1] 當中，他們是以「偽造鈔票」當作說明範例，真鈔就是訓練用的真實圖片，而「偽造者」就是一個「生成器」（Generator）人工智慧，「警察」就是一個「判別器」（Discriminator）人工智慧，偽造者和警察彼此對抗，偽造者的生成能力越來越好，生成的假鈔越來越像真鈔，警察的判別能力也越來越好，越來越能判別出假鈔與真鈔的不同，於是雙方都得到成長。

---

[1]　https：//arxiv.org/pdf/1406.2661.pdf

其實這個範例太有「犯罪氣息」了，並且也沒有表現出 GAN 的真正威力，因為 GAN 在應用上並不是要生成和真實圖片「一模一樣」的結果，而是要能生成各式各樣「具有某種風格」或是「符合某種需求」的圖片，例如：看起來像是真人但卻不是地球上任何一個真人所具有的臉孔，或是看起來具有某位畫家的風格但卻不是他本人所繪製的圖。

所以以下的說明我們就改用「繪製動漫人物的角色圖」來當作範例好了。

假設我們的目的是要生成具有「萌系」風格的二次元動漫美少女角色圖，所以就要先在真實世界中收集一堆「眼睛大大、看起來很可愛」的萌系美少女圖，這些由真人繪師所繪製的圖，就是等一下訓練時要用的「真實圖片」（我們叫它 x）。

然後我們運用 GAN 的概念，準備兩個可以進行機器學習的人工智慧，一個是「生成器」G，一個是「判別器」D。

生成器 G 就相當於一個數學函數，如果我們用隨機的數據 z 輸入生成器 G，它就會生成圖片，這些「生成圖片」我們就叫它 $G(z)$。所以不同的數據 z 輸進去，就會得到不同的生成圖片 $G(z)$。

在一開始，還沒有經過訓練之前，生成器 G 是「很笨的」，也就是說，G 這個數學函數中的參數是不恰當，所以生成出來的圖 $G(z)$ 是很醜的，要經過訓練，其中的參數調整之後，生成圖片 $G(z)$ 才會變漂亮。

另一方面，判別器 D 也相當於一個數學函數，它的目的是幫圖片打分數，把圖片輸入進去，它就會輸出分數。所以我們也要訓練這個判別器 D，讓它變「聰明」，聰明到可分辨真實圖片 x 及生成圖片 $G(z)$。如果它夠聰明，當真實圖片 x 輸入進去時，它所輸出的分數 $D(x)$ 就會是高分的，而換成生成圖片 $G(z)$ 輸入進去時，它所輸出的分數 $D(G(z))$ 就會是低分的。

好，現在我們就可以來進行訓練了。

一、第一步

固定生成器 G 內的參數，訓練判別器 D（如圖 2-1）：

隨機的數據 z 輸入生成器 G 後會得到生成圖片 $G(z)$，這些生成圖片 $G(z)$ 和事先收集的真實圖片 x 就是要拿來訓練判別器 D，也就是調整 D 這個數學函數中的參數，使判別器 D 輸出的分數具有「判別力」：真實圖片 x 所得到

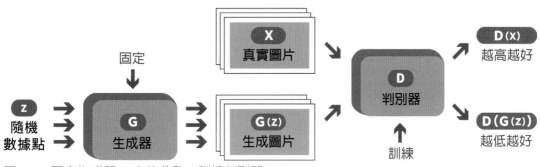

圖 2-1　固定生成器 G 內的參數，訓練判別器 D

的分數 $D(x)$ 盡量高分，生成圖片 $G(z)$ 所得到的分數 $D(G(z))$ 盡量低分。

　　經過這一步之後，判別器 D 就會「聰明」一點了，對真實圖片及生成圖片的判別力增加了一點。

二、第二步

　　固定判別器 D 內的參數，訓練生成器 G（如圖 2-2）：

圖 2-2　固定判別器 D 內的參數，訓練生成器 G

　　還是用隨機的數據 z 輸入生成器 G 來得到生成圖片 $G(z)$，可是現在我們要訓練生成器 G，訓練的依據就是判別器 D 所給的分數 $D(G(z))$，調整 G 這個數學函數中的參數，使它所生成的圖片可以在判別器 D 的評分上盡量得到高分。舉例而言，如果生成器所生成的圖片具有了「眼睛大大」的「特徵」，判別器 D 就可能會判定它更接近於真實圖片中的萌系美少女，而給予高分。

　　經過這一步之後，生成器 G 也會「聰明」一點了，它所生成的圖片的「特徵」會更接近真實圖片一點。

　　如果我們反覆上面這兩個步驟，判別器 D 及生成器 G 就會逐漸「進步」，

越來越「聰明」，生成器 G 所生成的圖片的「特徵」就會變得越來越接近真實圖片，也就是說，開始具有了「萌系美少女」的繪畫風格。更棒的是，這個生成器 G 所生成圖片只是和真實圖片「風格一致」，並不會和真實圖片「一模一樣」，不同的數據輸入生成器 G，就會得到不同的生成圖片。這麼一來，我們就可以大量生成具有特定風格的圖片了。

圖 2-3 顯示的就是金陽華（Yanghua Jin）等人於 2017 年所發表的論文[2]中，

圖 2-3　人工智慧生成的萌系動漫美少女角色圖

---

[2]　https：//arxiv.org/pdf/1708.05509.pdf

利用 GAN 這個方法使人工智慧生成的二次元萌系美少女圖片，如何？大家是不是覺得已經很像真人繪師所繪畫出來的風格了。

　　上面的說明雖然是以「繪製動漫人物的角色圖」來當作範例，如果我們把訓練時使用的真實圖片 x 改成真人的臉孔照片，我們就也可以利用 GAN 這方法來使人工智慧生成「有著真人特徵」的臉孔照片。

　　圖 2-4 顯示的就是 NVIDIA 研究團隊在 2017 年所發表的論文[3]中，利用真人明星的照片來進行訓練，最後以人工智慧所生成的「以假亂真」明星照。

圖 2-4　人工智慧生成的「真假難辨」明星照

　　在這裡的介紹中，我們雖然只談到了 GAN 在動漫人物或照片上的圖片生成應用，但是它也其實可以應用在文句、語音、音樂、影片、三維模型等方面的生成上，可說是使人工智慧進行生成或創作的利器。而近年來在網路上蔚為話題的深偽技術（Deepfake），可以將圖像或影片中的人物加以「換臉」；或是手機上熱門的變臉 APP，可以改變照片中人物的性別或年齡，甚至加以「漫畫化」或「動物化」，這些技術的開發很多都有運用到 GAN 的概念。

　　這個領域未來還會有怎麼樣的進展及應用呢？我們除了拭目以待之外，也應該深思這些技術對人類社會及科技倫理所帶來的衝擊。

---

[3]　https：∕∕arxiv.org∕pdf∕1710.10196.pdf

選擇題

1. 「生成對抗網路」常被簡稱為GAN，它是哪些英文字的字首縮寫呢？

    (A) General Alternative Network

    (B) Generative Adversarial Network

    (C) Gallium Aluminum Network

    (D) Generic Augmented Network

    (E) Geographical Advanced Network

2. 如果我們利用「生成對抗網路」，也就是GAN，來生成圖片，下列概念哪一個是錯誤的？

    (A) GAN可以用來生成大量具有特定風格的圖片。

    (B) GAN在基本上是利用「生成器」及「判別器」兩個人工智慧來彼此對抗。

    (C) GAN中的「生成器」就相當於一個數學函數，它可以用來生成圖片。

    (D) GAN中的「判別器」就相當於一個數學函數，它可以幫圖片打分數。

    (E) GAN只能運用在動漫人物或真人照片上的圖片生成。

問答題

1. 請簡述「生成對抗網路」的訓練過程。

2. 「生成對抗網路」相關技術有可能運用在哪些方面呢？請舉例討論。

3. 「生成對抗網路」相關技術有可能為社會帶來哪些正面及負面影響呢？請舉例討論。

Ans：

選擇：1. (B)　2. (E)

問答：（答案僅供參考）

1. 「生成對抗網路」基本上是利用「生成器」G與「判別器」D兩個人工智慧進行對抗。步驟一：固定生成器G內的參數，訓練判別器D，使判別器D輸出的分數具有「判別力」。步驟二：固定判別器D內的參數，訓練生成器G，使生成器G輸出的結果接近真實目標。反覆以上兩個步驟，判別器D及生成器G就會逐

請沿虛線剪下

漸「進步」，都越來越「聰明」。（可參閱「2-1生成對抗概念－AI動漫好可愛」小節。）

2. 「生成對抗網路」可學習並生成具有特定風格的作品，可運用於圖片、文句、語音、音樂、影片、三維模型等方面的生成或創作。近年來將圖像或影片中的人物加以「換臉」的深偽技術（Deepfake）或手機上的變臉APP，其技術開發很多都有運用到「生成對抗網路」的概念。

3. 「生成對抗網路」是訓練人工智慧進行生成或創作的利器，可配合人類需求來生成具有特定風格的作品，例如大量生成具有某個真人繪師風格的圖片，減輕人類創作上的負擔；但也因為「生成對抗網路」生成結果可以達到「以假亂真」的程度，例如用深偽技術所製作的假影片就可能造成「真假難辨」的困擾，而導致人類社會及科技倫理上的問題。

智慧金融科技

　　近期全球金融業藉由人工智慧（Artificial Intelligence，AI），優化內部作業系統，以智能互動模式，滿足客戶對普惠金融服務所需。人工智慧和物聯網（Artificial Intelligence and Internet of Things，AIoT）應用擴及各層面，儼然形成不可逆的態勢。

一、金融科技發展趨勢

　　為因應金融科技發展趨勢，金管會於 2017 年開始委由金融總會，編列 2 億元基金之「金融科技發展基金」，主旨在協助金融科技創新研發與人才培育，並建置「FinTechBase 金融科技創新基地」，擔任促進產業創新交流與媒合的角色。積極延攬國外專家、培育種子師資、與開展金融科技相關訓練課程，並於 2017 年首屆舉辦「2017 金融科技創新嘉年華」，打造資金匯流、創新產業焦點、與前瞻性商機共識。[4] 另於 2018 年舉辦「FinTech 2018 臺北金融科技展」，展覽內容涵蓋保險科技、大數據、AI、創新支付、智慧客服機器人與區塊鏈等應用。規劃主題亮點館「未來金融城」，展示無人商店、資安分享、與刷臉金融服務等，特別介紹區塊鏈實務發展，例如大學校園支付、銀行優化融資、社群保險、和計程車支付等亮點。[5]2019 年 11 月舉行「FinTech 2019 臺北金融科技展」，焦點在於金融科技創新與媒合交流，推展智慧金融科技新創相關商品，亮點令人驚豔，吸引國內外專家、新創業者、天使基金、與學者們共襄盛舉。包括監理沙盒、純網銀、行動支付生態圈、超商 Open API 繳費應用、金融犯罪整合管理平臺、銀行私有雲、加密貨幣私鑰管理與醫

---

[4] 中天快點 TV，2017 金融科技創新嘉年華參與人數逾兩千人，2017.3.4。（gotv.ctitv.com.tw/2017/03/402047.htm）

[5] 鉅亨網，FinTech 今年最大盛事臺北金融科技展 12 月登場，2018.10.2。（www.nownews.com/news/20181002/2993315）

療 AI 新創等，可端倪出金融科技範圍以延伸至各不同領域，顛覆金融商業模式，且強調跨領域生態圈的形成。

二、AIoT 發展

自 1965-1974 年，開啟人工智慧基本理論與架構，類神經網絡與機器學習等，儼然成為產學界新焦點，但受限於電腦計算能力，無法滿足應用面的需求而沉寂。直至 1980 年代專家系統（Expert System）推出，電腦已能模擬運算人類思考模式，並進行邏輯推演。侷限於歸納因素不彰，僅於少數領域適用。舉例而言，日本豐田公司發展出「Just-In-Time」零庫存管理模式，有效降低成本，並提升汽車零件品質，重創美國汽車業。1990 年代後，資訊科技突飛猛進、網際網路的誕生、大數據、物聯網以及嶄新的機器學習演算法問世等，強大 AI 功能不可同日而語，其觸角已衍生至各領域。1997 年 IBM 公司的超級電腦（深藍）擊敗世界西洋棋冠軍，令人記憶猶新。2017 年 Google 的超級電腦（AlphaGo）擊敗世界圍棋冠軍，更令人訝異不已。AI 時代的來臨並應用於各領域，已成為各國政府、公司行號等無不磨拳擦掌奮力一搏的課題。近期金融科技顛覆性的風潮，席捲金融業、科技業變革，甚至延伸於各行業應用，提供便捷服務與節省成本，結合 AI 的導入，更令業者腦力激盪研發創新，試圖攻佔市場開創新局。

利用高功耗晶片處理，AI 藉由雲端運算，強化深度學習訓練，提升運算效能，解決過去時間較長、高儲存、與龐雜資料的計算屬性，提供數據存取便利、資訊安全防護、與即時性應變等功能。近期發展各項終端裝置的應用（如感應器、周邊零組件、與閘道器等），透過專業晶片核心技術所衍伸邊緣運算之精進，突破耗電量與晶片相關體積需求與限制，展現低延遲、高傳輸、與超大連接等特性優勢，對資料處理效率、雲端運算負荷、資料應用便捷、與節省成本等要求均迎刃而解，成為 AI 和 5G 發展不可或缺之關鍵要素。

近年來全球物聯網（Internet of Things，IoT）產值逐年攀升，吸引各產業投入研發與注重應用層面，並延伸各種新商機，全力打造前瞻性智慧物聯網。業者透過網絡與通信網等，將人與物相關資訊承載體，透過各網址連結，並將嵌入物體內之短距離移動收發器，執行感測與資訊傳遞效能，實踐「隨時、隨地、隨物」相互連通的目標。業者提出「物聯網＋」策略，發展跨領域利

基與產業升級為號召，並連串 AI 核心技術，以人工智慧和物聯網（Artificial Intelligent and Internet of Things，AIoT）為國家及發展重點，帶動智慧服務潮流趨勢，衍生 AIoT 服務生態鏈與專業人才培育的需求。

三、AI 和 AIoT 相關金融科技應用與效益

表 2-1 說明 AI 與 AIoT 導入智慧金融科技相關應用層面，提升產業升級與效率為原則。如匯豐因應認識客戶（Know Your Customer, KYC）與金融犯罪活動，開始建置 AI 防制洗錢，以期隨時監控交易數據，利用 AI 演算訊速偵測詐欺事件。臺灣大學與全國農業金庫合作，利用 AIoT+ 區塊鏈，加強食品安全與建置生產履歷，提供農民信貸相關數據支援。

表 2-1　AI 和 AIoT 相關金融科技應用與效益

產業／機構	應用項目	效應
匯豐銀行	AI 防制洗錢	為打擊金融犯罪，監控交易數據，達成快速偵測詐欺活動。
兆豐銀行	AI 虛擬行員	建構機器人流程自動化（Robotic Process Automation，RPA），又稱虛擬行員，可運用於防制洗錢、數位金融、財富管理、信用卡、信託、消費金融、與徵信等業務流程與範疇，大幅減少人力。
捷智	AI 監理	AI 法規監理及風險監控。
安聯人壽	AI 客服機器人、AI 智慧助理	保戶身分驗證與即時保單變更事務。增加保戶與 AI 助理對話及文字介面服務。
元大投信	ETF-AI 機器人顧問	開發 ETF-AI 智能投資平臺。
好好投資	AI+ 區塊鏈：機器人理財	AI 演算與區塊鏈智能合約連接金融機構下單流程，進行基金交易與客戶投資管理。
全國農業金庫	AIoT+ 區塊鏈：農業生產履歷與食安	臺灣大學籌設「國立臺灣大學金融科技暨區塊鏈中心」全國農業金庫合作，為改善食品安全與建置生產履歷，提供農民信貸相關數據支援。

資料來源：1. 工商時報，匯豐攜新創靠 AI 防制洗錢，2018.4.10。2. 工商時報，安聯至能克服 Allie 艾莉正式上線，2018.6.14。3. 工商時報，好好投資挑戰基金交易生態，2018.9.24。4. 工商時報，亞洲第一個 ETF AI 投資平臺上線，2018.1.2。5. 工商時報，捷智 AI 工金融商機營運喊衝，2018.10.29。6. 工商時報，磁吸數位人才金融業宜加快區塊鏈，2019.9.23。7. 工商時報，兆豐虛擬行員七部門全上線，2019.9.25。8. 陳若暉，金融科技，2021。

四、金融白皮書

2019 年 8 月金融總會編制「金融白皮書」，圖 2-5 說明白皮書五大面向：拓展金融業務與綠色金融、強化金融科技創新、支援高齡產業發展、推動資本市場發展、和調適金融監理制度與規範。為因應時代變局，金融總會特別指出金融科技創新的重要性，包括 QR Code 規格整合、生物特徵資訊中心建置、以及建立開放銀行（Open Bank）。

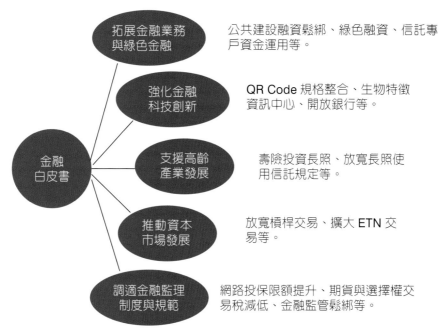

圖 2-5　金融白皮書
註：ETN：（Exchange Traded Note；指數投資證券）。
資料來源：工商時報，迎變局 25 項金融建言全翻新，2019.8.15。

㈠ QR Code 規格整合

近期政府大力推廣電子支付，由於 QR Code 掃碼支付具備小型商家參與、建置費用便宜、未限制手機型號、及多功能使用等優點，消費者使用率日益攀高至 87.5%。然而，支付業者各類五花八門的 QR Code、店家收銀臺桌面空間限制、與各種信用卡綁定條款等，常造成消費者困擾。面對未來 5G 與物聯網技術發展趨勢，解決消費者與商家的痛點在於整合 QR Code 規格。但對於行動支付市佔率較高的 Line Pay 與街口支付，仍不情願將客戶群與其資料分享

於其他競爭對手。

　　2019 年 8 月金管會開始主導並整合電子支付與電子票證業務等法令，透過財金公司籌設電子支付金流供通平臺，促使相關業者資訊彙整與分流、業者間資金互轉、金流處理、手續費用與清算機制等建立，經由銀行、電子支付業、與商家通路等串聯，形成新支付生態圈。表 2-2 說明並比較電子支付與電子票證業務整合，未來若各機構之紅利積點整合成功，則可建構電子支付幣用於折抵部分消費金額，消費者亦可透過系統自行管理與使用紅利積點。

表 2-2　電子支付與電子票證業務整合比較

業務性質	現行規範		整合
	電子支付	電子票證	
金流核心業務	代理收付	簽訂特約機構	代理收付
	收受儲值	發行電子票證	收受儲值
	帳戶款項移轉	-	小額匯款
金流附隨業務	收款者收付訊息傳遞	-	收付訊息整合傳遞
	-	端末設備共用	端末設備共用
	使用者間訊息傳遞	-	使用者間、使用者與特約機構間訊息傳遞
金流衍生業務	電子發票及加值服務	-	電子發票及加值服務
	-	-	禮券、票券價金保管
	-	-	紅利積點整合及折扣
	-	儲值卡儲值區塊供他人使用	儲值卡儲值區塊供他人使用
	-	-	資訊系統、設備規劃與顧問

資料來源：工商時報，臺版新支付生態圈明年問世，2019.9.4。

㈡生物特徵資訊中心

　　有鑑於數位身分認證的重要性，金融總會提出建置「生物特徵資訊共通資訊平臺」，委由「臺灣網路認證中心」成立的「TWID 身分識別中心」，設置自然人憑證身分確認服務（Identity Confirmation Service，ICS）。金融業各機構與該 TWID 中心介接，即可利用數位身分認證技術服務，結合指紋、虹膜、

臉部等多元生物特徵，透過自然人憑證認證客戶身分。

㈢ 開放銀行

　　金管會鼓勵建立開放銀行（Open Bank）經營模式，利用應用程式介面（Application Programming Interface，API）與其他機構合作，共同開發金融科技創新產品，如圖 2-6 所示。

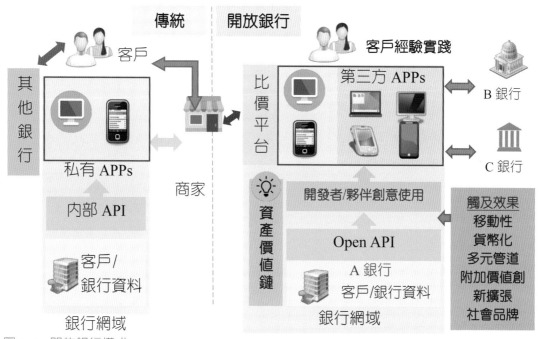

圖 2-6　開放銀行模式

資料來源：1. Medium, Open Banking & the New Payments Platform for Superannuation Funds, 2017.8.4.
　　　　　2. 工商時報，臺式開放銀行會是什麼味？2019.3.13。3. Wikimedia Commons。4. 陳若暉，
　　　　　金融科技，2021。

　　有別於傳統銀行，以保護客戶資料為原則，採取內部 API 與私有 APP 方式，提供客戶使用且收取相關手續費。而開放銀行經營模式乃先經客戶同意，彙整各類具商業價值的資訊，強調客戶經驗實踐的方式，運用 Open API 客戶／銀行資料方式，強化觸及效果，移動性、貨幣化、多元管道、附加價值、創新擴張、和社會品牌為訴求。串連第三方平臺、夥伴、與開發者等共同開發 APP，提供客戶下載，透過金融比價平臺，從事比價與選取創意產品。舉列而

言，客戶挑選紅利兌換最佳模式、優化貸款利率比較、或理財配置效率等項目。

　　有鑑於開放銀行的架構乃以金融數位資訊爲核心，牽涉使用權與所有權的規範，強調金融消費者資料自主性與相關資訊轉移。吸引非銀行業者與金融科技新創業者積極投入，在不同業務層面與開放銀行共同分工與合作，所形成開放行生態圈，如圖 2-7 所示。例如金融科技業者透過資訊分享，著重於融資與貸款、投資與交易、支付、匯款與外匯、及財富管理等業務合作開發。非金融業者（如 Alibaba、Amazon、Apple、Facebook、Google、與 Samsung）則熱衷於法遵、數位平臺、與社交網絡等合作方案。

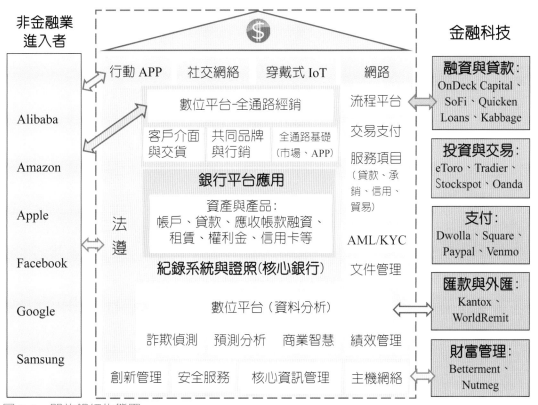

圖 2-7　開放銀行生態圈

註：洗錢防制（Anti-Money Laundering，AML）。

　　　認識客戶（Know Your Customer，KYC）。

資料來源：1. Cognizant, Why Banks Must Become Smart Aggregators in the Financial Services Digital Ecosystem, 2018.8.　2. Wikimedia Commons。

五、結論

　　過去政府由於高度金融法規監管，導致投資動能不足。在金融科技來臨的時代下，孕育出金融科技育才的思維，推進金融產業的競爭能力，友善金融科技新創生態環境為圭臬，推出監理沙盒、金融數位轉型、與純網銀三項措施。首先強調容錯文化，率先通過「金融科技發展與創新實驗條例」，打造「監理沙盒的金融實驗」的場域，提供給新創事業與相關產業進行金融科技提案實驗，並適度保障免責範圍，以求免於扼殺新創動機。再者，透過科技研發投資抵免、開放金融業投資金融科技業者、及鼓勵申請金融科技專利等措施，對於傳統銀行業數位轉型具有激勵的效果與延續金融科技創新的動能。另金管會開放純網路銀行（包括將來銀行、連線銀行、樂天銀行）的服務創新模式，強調金融消費者保障，建置高規格資訊設備，並強化資訊安全，欲利用鯰魚效應激勵傳統銀行進行數位轉型（Digital Transformation）。促使傳統銀行開始與金融科技新創公司洽談合作方案，甚至直接 100% 投資持股。導入內崁式銀行（Embedded Banking）模式，以虛實整合與顧客體驗為目標，加強行動銀行覆蓋面與 APP 功能精進，了解客戶金融功能（Utility）需求並提供便捷的金融服務。

　　有鑑於扶植新創領域的急迫性，近年來行政院所推出「建立臺灣本土國際級加速器計畫」、「創業天使投資方案」，以及國發會投入上限 3000 萬元新臺幣，其條件為「獲得知名投資機構投資」為前提的相對基金等紛紛出籠。然而，政府欲以此杯水車薪的補助金，企圖打造國際級的獨角獸新創企業，並邁向總市值數十億美金的市場，恐短期內難以見到曙光。此外，純網路銀行初期力求擴張市場與損益平衡，鎖定具有較高風險與研發費用之非傳統金融服務項目，欲達成鯰魚效應似有待觀察，但假以時日仍大有可為。傳統銀行無可避免地推動開放銀行，善用 AI、區塊鏈、大數據、與 API 開放平臺等推展，唯有透過不斷淬煉的新創過程與改革，方能堅定地立於不敗之地。

選擇題

1. 金管會鼓勵建立＿＿＿＿＿＿經營模式，利用應用程式介面（Application Programming Interface，API）與其他機構合作，共同開發金融科技創新產品。
   (A) 商業銀行
   (B) 開放銀行
   (C) 純網路銀行
   (D) 以上皆非

2. 根據2019年金融白皮書，下列何者非強化金融科技創新面向之項目？
   (A) 開放銀行
   (B) QR Code規格整合
   (C) 生物特徵資訊中心
   (D) 綠色融資

問答題

1. 何謂開放銀行生態圈？

Ans：

選擇：1. (B)　2. (D)
問答：（答案僅供參考）

1. 開放銀行架構以金融數位資訊為核心，強調金融消費者資料自主性與相關資訊轉移。藉由非銀行業者與金融科技新創業者投入，在不同業務層面與開放銀行共同分工與合作，所形成開放行生態圈。例如透過資訊分享，金融科技業者可從事於融資與貸款、投資與交易、支付、匯款與外匯、及財富管理等業務合作開發。另外，非金融業者注重於法遵、數位平台、與社交網絡等合作方案。

智慧製造

　　「工業 1.0」是指發生在 1780 年代的第一次工業革命，由人工勞力轉為蒸氣動力。1870 年代開始使用電力驅動生產機械設備，則是「工業 2.0」。第三次工業革命是於 1960 年代發展出使用電子控制器，把資訊技術導入工業製造。「工業 4.0」則是德國政府於 2012 年推動的科技策略，期望統合工業技術、商業銷售流程及顧客體驗等相關之資訊，建立一個有感知意識的虛實整合系統（Cyber-Physical System, CPS），因此稱之為第四次工業革命（如圖 2-8）。

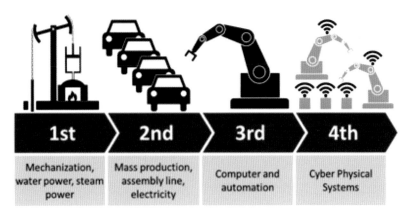

圖 2-8

Reference: Christoph Roser at AllAboutLean.com under the free CC-BY-SA 4.0 license.

　　其中，智慧製造是工業 4.0 的核心部件，在製造產業兩者甚至幾可畫上等號。智慧製造可意指於機密機械設備中導入智慧技術，透過智慧化產線即時製造高品質、高彈性、高效率的產品，是當今全球工業界矚目的發展趨勢。

　　智慧製造實際上需要包括機器人、巨量資料（大數據）、物聯網（IoT）、雲端運算／儲存、自動化系統整合、AI 方法等關鍵領域技術的同步發展以及有機整合，建構出相應的產業生態體系，才能得以在以下幾個面向真正落實製造產業升級，包括：1. 快速精準反應市場顧客需求、2. 製造高精密度、高可靠

度的產品、3. 以彈性製造能力擴展至技術服務。

　　然而，智慧製造的先決條件在於所使用的機械設備須具備智慧化功能，也就是智慧機械。以下簡單說明為何智慧機械是擁有智慧製造的必要條件以及兩者之間的差異：

1. 智慧機械：整合感測器、智慧技術與物聯網等技術，使機台設備具備故障預測、精度補償、自動參數設定與自動排程等智慧化功能以及管理可視化，並能透過網路與其他智慧機械快速溝通、支援，自主優化生產參數配置與資源安排，以確保生產品質。

2. 智慧製造：透過智慧機械，建構智慧生產線，具備高品質、高彈性、高效率等特徵，能透過雲端及物網網分析資料以及與使用者／消費者連結，提供客製化產品，形成完整的製造服務體系，自主調整產線產能配置與完整供應鏈。

　　若以微觀到宏觀的角度來檢視工廠製造單元，可分成四個階段的智慧化來檢視，包括最基礎的設備零組件、單一機器、一整條生產線到整廠。零組件與單機算是智慧機械的範疇，零組件須安裝上各類感測器收集諸如溫度、影像及震動頻率等數據，整合至單機上才能匯集各部件之運作資訊，建立機台自我感知能力。如配合大數據分析能進行諸如異常診斷或品質監控任務，以維持機器運作無虞及確保產品品質。

　　而生產線與整廠則算是智慧製造，生產線需要整合 CPS 與機器對機器（Machine to Machine, M2M）的技術，將產線上的所有機器設備有機串聯，工程師能以 CPS 管控所有機台狀態，調配機台之間如何配合與支援，才能有效邁入智慧製造的應用階段。從整廠角度來看，智慧製造需與工廠現有的資訊管理系統緊密整合，例如製造執行系統（Manufacturing Execution System, MES）、產品生命週期管理（Product Life Management, PLM）及企業資源計畫（Enterprise Resource Planning, ERP）等，建立完整資訊生態系統後才能透過 AI 即時彙整資訊進行決策，例如接到緊急訂單時立即檢視庫存原料、向上游廠商下訂，以及機動調整產線進度。

　　另一方面，智慧製造亦可從發展成熟度的不同，使用 5C 層級來表述其不同階段的能力，如圖 2-9。包括：

1. Connection（連網）：生產線設備上的操作技術（Operation Technology,

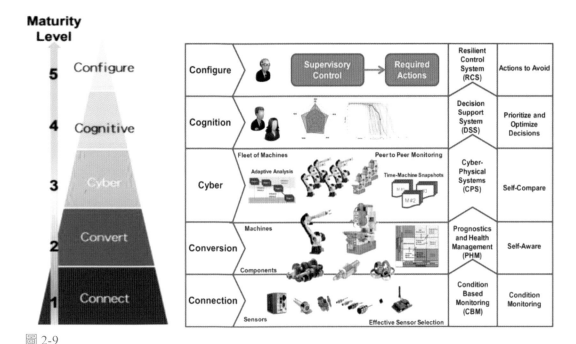

圖 2-9

Reference: Lee, Jay; Bagheri, Behrad; Kao, Hung-An (January 2015). "A Cyber-Physical Systems architecture for Industry 4.0-based manufacturing systems". Manufacturing Letters. 3: 18-23.

OT）能透過通訊技術（Communication Technology, CT）連結至資訊平台 (Information Technology, IT)，讓機台資訊能即時上傳至雲端資料庫儲存。

2. Conversion（轉化）：累積的巨量數據能進一步整合分析，轉化為有用的資訊。

3. Cyber（虛擬）：透過數位分身（Digital Twin）或虛實整合系統（Cyber-Physical System），運用物理模型、感測器資料、歷史數據，在虛擬空間即時模擬呈現生產狀況。

4. Cognition（認知）：應用機器學習、深度學習等 AI 技術，使機器具備自我診斷能力，並可即時做出判斷。

5. Configure（自我配置）：高度客製化產品，從設計到生產，透過線上決策整合系統，自主協調生產排程與供應鏈。

　　從 AI 應用的角度來看，所有的智慧化步驟都需要使用 AI 方法來執行分析、診斷、預測或決策等工作，最明顯的差異之一則體現在相關輸入變數的多

寡以及相互影響關係的複雜度，這些都需要匯聚大量的數據以及專家知識，進行長期深入的研究工作，探討複雜的因果關係，以及找出最快速、最具成效的 AI 模型，才能建立有效的 AI 診斷／預測／決策機制，達到透過 AI 提高組織運作效率及效能的目的。

　　在可見的未來，製造業仍將是全球產業不可或缺的一環，諸如美德日等傳統製造領先國，也已開始打造其智慧製造能量。我們如能持續強化在地製造業與資訊業的領域知識以及技術整合優勢，透過導入諸如深度學習等 AI 技術，逐步由高人力需求、一致規格的傳統製造體系，轉換爲高客製化、高彈性的智慧製造，才能持續在全球製造體系中繼續扮演關鍵角色。

選擇題

1. 以下何者描述具體符合工業4.0技術層級？

(A) 將資訊科技導入工業

(B) 將人力從工作中解放

(C) 建立數位分身與虛實整合系統

(D) 導入自動化設備

2. 以下何者「不是」智慧製造的目標？

(A) 精準反映客戶需求

(B) 建立巨量生產能力

(C) 製造高可靠的產品

(D) 建立彈性製造能力

問答題

1. 什麼是智慧製造？

2. 請列舉出兩項智慧機械設備在應用AI技術後能具備的特性或功能。

Ans：

選擇：1. (C)　2. (B)

問答：

1. 建構智慧生產線，具備高品質、高彈性、高效率等特徵，能透過雲端及物聯網分析資料以及與使用者／消費者連結，提供客製化產品，形成完整的製造服務體系，自主調整產線產能配置與完整供應鏈。

2. 整合感測器、智慧技術與物聯網等技術，使機台設備具備(1)故障預測、(2)精度補償、(3)自動參數設定與(4)自動排程等智慧化功能。

智慧文本的發展

一、人工智慧與自然語言處理

　　大數據和人工智慧的發展在現今的語言教學領域裡，已成為研究與技術上必要的發展趨勢與方向。人工智慧的核心技術之一──自然語言處理（Natural language processing, NLP）與語言教學的人工智慧發展高度相關。在了解智慧文本的發展之前，本段先簡單說明自然語言處理的基本概念。以這段文字為例，包含字、詞、短語和句子：

　　中原大學應用華語文學系是以「提升學生競爭力、開展學生國際視野與服務之胸襟、增進教師優質教學與研究、提供良好的教學、研究和學習環境」為發展目標。

　　對電腦而言，透過對照表讀懂或唸出單一的漢字完全沒有問題。但是中文的最小有意義單位為「詞」，由於中文的詞彙之間沒有空格，在字元處理上和英文不一樣，電腦無法直接分出詞來。因此，斷詞是電腦處理中文文章時的基本技術之一，只有先解決斷詞問題，才能讓電腦讀懂文章。以「提升學生競爭力、開展學生國際視野與服務之胸襟、增進教師優質教學與研究」這個句子為例，經過斷詞後，可以得到表 2-3 的斷詞結果：

表 2-3　經斷詞處理後的詞彙

詞彙	拼音	詞性
增進	zēngjìn	VA
教師	jiàoshī	N
優質	yōuzhí	SV
教學	jiàoxué	N

詞彙	拼音	詞性
與	yǔ	Prep
研究	yánjiù	VA, N
提升	tíshēng	VA
學生	xuéshēng	N
競爭力	jìngzhēnglì	N
開展	kāizhǎn	VA
國際	guójì	N
視野	shìyě	N
服務	fúwù	N
之	zhī	P
胸襟	xiōngjīn	N

　　這個表格經過筆者參與開發之「TOCFL 華語詞彙通」[6] 系統處理，句子先與華語文測驗推動工作委員會提出之華語八千詞比對，缺漏句再與其他語料庫之詞彙比較，找出詞彙邊界後輸出詞彙字串。接著，再標注漢語拼音，並依詞彙在句子的位置標上參考詞性，方便使用者判讀。

　　在自然語言處理系統上，想讓機器完全了解文意不是只有斷好詞這麼簡單。以「應用華語文學系」為例，如何讓機器讀懂「應用華語文學系」是應用〔華語文〕學系，而非應用〔華語文學系〕，就得加上詞意消歧語法剖析等處理方式。詞意消歧的關鍵在於系統得辨識句子裡每個詞之後，再以不同斷詞方式斷出來的詞意各別分析整篇文章裡的各種詞意線索，從上、下文正確判斷該句子的正確斷詞法；語法剖析則需要透過句子結構的分析，將整個句子細分出剖析樹（parse tree）。以「我正在中原大學就讀」為例，運用中研院的中文剖析器 [7] 可以畫出圖 2-10：

6　師大國語中心華語詞彙通，網址：http://huayutools.mtc.ntnu.edu.tw/ts/TextSegmentation.aspx

7　中研院中文剖析器：http://parser.iis.sinica.edu.tw/

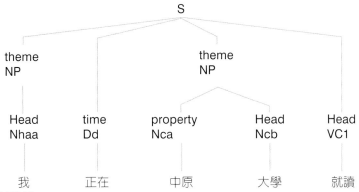

圖 2-10　剖析樹範例

圖片來源：http://parser.iis.sinica.edu.tw/，中研院中文剖析器線上測試版

　　圖 2-10 分析出我、正在、中原、大學、就讀，分別在這個句子裡的成份和結構關係，有助於系統判斷句子的重要成份。

　　在了解字、詞與句法在電腦系統上處理的基本概念後，即能開始將自然語言處理運用在人工智慧系統裡。在語言教學領域現階段的範疇裡，人工智慧運用在翻譯、問答系統、線上教學、教學策略的選擇以及教材發展上漸漸成熟，有愈來愈多的研究表示人工智慧的運用在語言教學上已是當代不可避免的趨勢（Wu, Y., & Wang, Y.,2018; Goksel, N., & Bozkurt, A.,2019; Zhou, H., Zhang, H., Zhou, Y., Wang, X., & Li, W.,2018）。科技若能與自學教材適度結合，就能讓語言學習更有效的達到差異化教學與個人化學習的目的。也因此，愈來愈多的語言教師、語言教材與網路媒體正導入大數據與人工智慧，增強語言學習的效果（Kessler, 2018）。

二、華語教材的智慧化發展方向

　　以筆者的專業領域：華語文教學為例，以往的教材編寫及文本發展多依著教學法、教學模式、語言課程大綱及測驗評量指標發展，注重課文情境、詞彙排序以及語法點的選擇（蔡蓉芝、舒兆民，2017），教材的選用與編寫當然是以人力為主。以摘自僑委會華語教材《學華語向前走》第七冊第七課的這則對話為例：

兒子：媽媽說得沒錯，即使有足夠的食物，也不應該浪費。

媽媽：只要我們少浪費一些食物，就能幫助那些饑餓的人。

兒子：怎麼做才不會一再的浪費食物呢？

媽媽：比方說去買菜的時候，你們要吃多少，我就買多少。

這二個話輪若要轉化為華語教材，一般會依據學習者等級、目標等需求改寫內文，過程會以大量人力比對詞彙等級與語法，剔除並改寫不符合學習者等級的詞彙與語法，再加上拼音、轉化為簡體字，列出詞彙表並寫出例句，最後加上練習與評量。但是自然語言處理技術可以快速處理上列文本，讓教師省下發展教材的時間並專注於教學。如前段所述，斷詞、比對、剖析是完成智慧文本發展的重點項目，本文以筆者共同參與的 Ponddy reader[8] 系統為例，說明智慧文本發展的方法與重點內容。

三、智慧文本的發展與相關技術

㈠ 文章內容分析

以往的文章多被當做閱讀的文本而已。但在語言學習的要求上，需要區別出文章難易度等級與主題等項目，因此，以前述對話為例，系統會分析對話話輪內的詞彙，並自動挑出關鍵主題「生活」，如圖 2-11：

圖 2-11　文本詞彙比對分析結果

圖片來源：https://reader.ponddy.com，Ponddy reader 自編教材，連結：https://reader.ponddy.com/share/58b501eb274a0d94c546bd3615de5766

8　系統網址：https://reader.ponddy.com/

比對語料庫裡的詞彙能分析出文章內容的屬性外，也能從語言大綱的詞彙等級與功能中分析出這個話輪的等級，下圖 2-12 顯示系統分析出這個話輪為臺灣華語文能力測驗的準備 1 級：

圖 2-12　文章等級分析
圖片來源：https://reader.ponddy.com，Ponddy reader 自編教材，連結：https://reader.ponddy.com/share
　　　　　/58b501eb274a0d94c546bd3615de5766

(二) 斷詞與例句系統

在具自然語言處理能力的華語教材發展系統中，斷好詞是最基本的要求。比對既有的各級語言綱要詞彙，能很快產出包含不同等級詞彙標記的課文。如圖 2-13：

圖 2-13　含等級標記與漢語拼音的課文
圖片來源：https://reader.ponddy.com，Ponddy reader 自編教材，連結：https://reader.ponddy.com/share
　　　　　/58b501eb274a0d94c546bd3615de5766

既然能標記詞彙，只需要把所有標記出來的詞彙另外匯出，加上 metadata 內含有該詞彙標記的聲音檔與圖片，即可立刻產生生詞表，如圖 2-14。

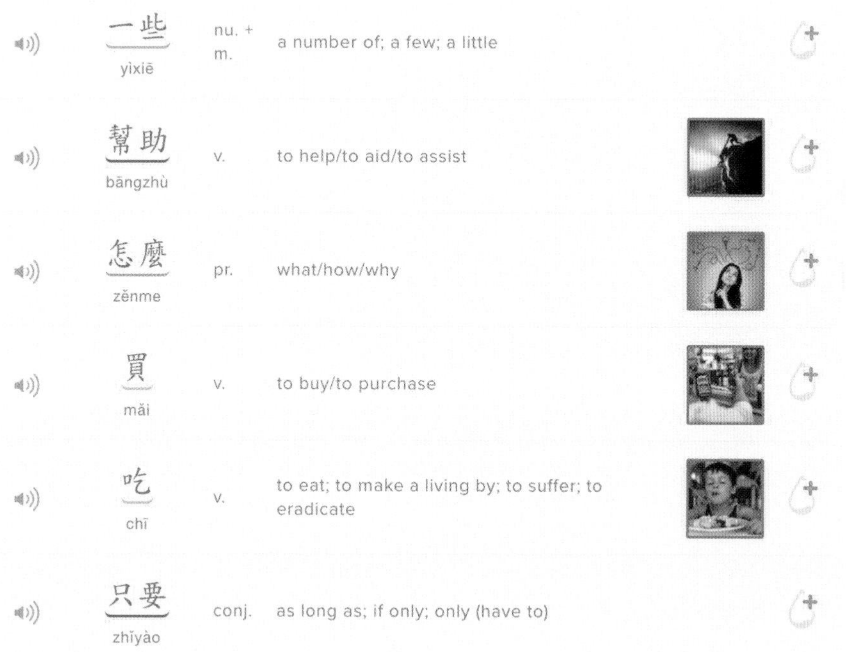

🔊	一些 yìxiē	nu. + m.	a number of; a few; a little		＋
🔊	幫助 bāngzhù	v.	to help/to aid/to assist	🖼	＋
🔊	怎麼 zěnme	pr.	what/how/why	🖼	＋
🔊	買 mǎi	v.	to buy/to purchase	🖼	＋
🔊	吃 chī	v.	to eat; to make a living by; to suffer; to eradicate	🖼	＋
🔊	只要 zhǐyào	conj.	as long as; if only; only (have to)		＋

圖 2-14　系統自動產生的生詞表

圖片來源：https://reader.ponddy.com，Ponddy reader 自編教材，連結：https://reader.ponddy.com/share/58b501eb274a0d94c546bd3615de5766

語料庫除提供標記比對之外，經標記後的句子也能當成生詞的例句範例，如圖 2-15。

關聯字、詞當然也能直接從語料庫裡檢索。由於資料庫可以輕易檢索字、詞頻及字彙之間的互動方向及次數，詞彙之間的關聯性也可以在智慧文本中自動產生，供學習者檢索。在這個範例裡，詞頻愈高，圖示愈大；詞彙之間的關聯愈密切，圖示的距離愈近，如圖 2-16。

能做詞關聯，當然也能從資料庫裡檢索詞彙裡的字又與哪些詞有關聯，可以在智慧文本中供學習者檢索，如圖 2-17。

圖 2-15　從語料庫檢索之帶有等級標識之生詞例句

圖片來源：https://reader.ponddy.com，Ponddy reader 自編教材，連結：https://reader.ponddy.com/share
/58b501eb274a0d94c546bd3615de5766

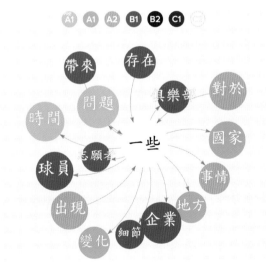

圖 2-16　關聯詞視覺圖

圖片來源：https://reader.ponddy.com，Ponddy reader 自編教材，連結：https://reader.ponddy.com/share
/58b501eb274a0d94c546bd3615de5766

yī
once; as soon as

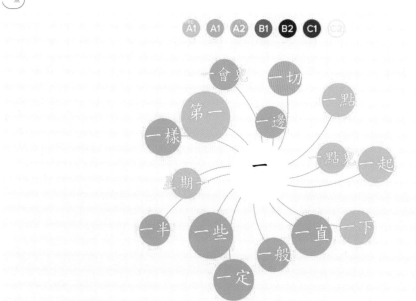

圖 2-17　字關聯圖

圖片來源：https://reader.ponddy.com，Ponddy reader 自編教材，連結：https://reader.ponddy.com/share
　　　　　/58b501eb274a0d94c546bd3615de5766

㈢ 語法點剖析

　　在第一節中提到，句子除了詞彙，也包含語法成份。語法剖析在自然語言處理系統裡非常重要，在人工智慧的運用上，以斷詞分詞、標注詞性後，透過句法結構的分析可以提取其主要的訊息，使系統能更加準確理解文意。但在智慧文本的處理上就比較簡單一點了，只需要在剖析完句子後取出其語法點，即能給予學習者學習漢語語法的相關建議及更多例句，如圖 2-18。

四、結論與展望

　　語言技能在現實世界的四種基本能力為聽、說、讀、寫，為了虛擬與線上世界的互動需求，現在又多了數位輸出，如打字和語音轉文字二種能力。但紙

﹀ 只要...（就）... if / as long as

＊ 媽媽：只要我們少浪費一些食物，就能幫助那些饑餓的人。

（文法詳解）

The conjunction "只要" is used in the first clause which shows the necessary condition for the result described in the second clause following "就." "只要" can be placed before or after the subject.

（文法例句）

更多例句 ﹀

◀))	你 只要 相信 我 就 行 了 。	All you have to do is believe me.
◀))	我 只要 喝牛奶 就 肚子疼 。	I have stomachache as long as I drink milk.
◀))	只要 考到 六十分 就 算是 及格 。	You'll pass the course if you get 60 points.

圖 2-18　語法點剖析並給予語法學習建議

圖片來源：https://reader.ponddy.com，Ponddy reader 自編教材，連結：https://reader.ponddy.com/share/58b501eb274a0d94c546bd3615de5766

本教材只能提供讀和寫二種功能，聽和說只能靠老師和實體環境幫忙。在人工智慧的時代裡，上列基本能力都囊括在電腦、網路和行動裝置上，只要經過適當的處理及整合，就可以創造出更符合學習者需求的學習材料。運用人工智慧來協助開發華語文學習文本除了更有效率外，還能建立適性化的教學系統並加速各種專業華語教材的開發。教學實驗也發現學生在使用後願意花更多的時間學習中文，這樣的智慧文本發展系統還能讓使用數位華話教材的學生加強閱讀

和書寫能力（Huang, 2018）。

　　現已進入 5G 通訊時代，幾乎無延遲的反應和極高速的網路速度及無所不在的 AIoT 人工智慧物聯網勢必會改變現有的學習方式。本文雖僅討論智慧文本在語言教材上的發展，但不久後的學習環境若有更多種類的智慧文本，學習者將能透過科技取得更大量多元化、個人化的課程。採用全數位化的智慧文本的教學場域將不再僅囿於傳統課室，也適合同步及非同步的網路環境，若再佐以更加成熟的自然語言處理系統，現在的語言學習機制與方法，勢必會受到更大的挑戰。

選擇題

1. 對電腦而言，如果要看懂中文文章，最先得解決哪一個問題？

　　(A) 能理解每個字的字義

　　(B) 能將詞彙斷出

　　(C) 能將整段文章逐字翻譯

　　(D) 能標出每個詞的詞性

2. 自然語言處理技術的功能不包含下列何者？

　　(A) 將句子區分出不同的詞彙

　　(B) 自動分析文章的主題類別

　　(C) 分析文章內的語法及語義

　　(D) 取代教室內的老師與教材

問答題

1. AIoT的時代已經來臨，語言教學除了透過教室講授與同步、非同步教學外，還有哪些可能性？你認為AI是否會取代現在的語言教學模式？若是，可能會經歷哪些階段？

Ans：

選擇：1. (B)　　2. (D)

設計 AI & AI 設計

　　常聽到 21 世紀是華人的世紀一說。但不是電腦工程師的人，常忽略了 21 世紀也是「物聯網」的世紀。不是「互聯網」（www），是「物聯網」（Internet of Things）。「物聯網」是什麼呢？簡單說，就是一個「物」與「物」互相聯繫的網絡世界。在這樣的世界裡，「物」與「物」藉著串連在一起的網絡（目前是互聯網）而彼此互相溝通、傳遞訊息、互通有無。當然，你會問「物」要溝通什麼？傳遞什麼訊息？其實，「物」是傳遞人給它的、讓它傳遞的訊息。最近，又崛起一個名詞，那就 AI。那什麼是 AI 呢？AI 是 Artificial Intelligence 的縮寫；簡單說，就是「人工智慧」，或「人工智能」。那麼是機器人嗎？電影《200 歲的人》（Bicentennial Man）裡的機器人，是高等、高階的人工智能。目前，工程師們尚未能製造出這種會主動思考、決策、又行動自如的 AI 機器人。但簡易的機器人，卻早已融入我們的生活中，如：具有多元洗衣模式設定的智能洗衣機：洗 30℃、40℃、60℃或消毒用的 90℃；也有所謂的懶人／常用的標準模式：也就是洗 40℃、洗清 2 次、脫兩次水的套裝模式；或是依衣物類型所設定的模式，如：羊毛衣模式、被單模式、厚重窗簾套裝模式等。還有，iPhone 手機的 Siri 語音助理，也是幫主人記錄約會、提醒約會，或在旅行中，找附近好吃餐廳的好幫手。而我們也可以透過聲紋、指紋與眼睛開啟手機。AI 已神不知、鬼不覺地介入我們的生活中。由以上的事實，我們了解，近年來隨著科技的進步神速，我們不得不好好了解，AI 將會與我們發生什麼關係？尤其，在我們的居家生活環境、日常生活環境中。

　　讓我們先聊聊居家生活環境裡已有的 AI 幫手。除洗衣機的各種洗衣模式外，我們也已經有可以結合照明、空調、遮陽與音響為一體的智慧控制系統。想像一下，雙薪家庭的年輕媽媽，在夏天，下了班接小嬰兒回家時，希望一踏進家門，就可以享受到舒適的冷房效果，小嬰兒才不會因為家裡悶了一天的炎熱高溫，一進家門就從睡夢中醒來哭鬧。或是，拎著大包小包，又牽著小小孩

手的媽媽，站在家門口，要忙著找鑰匙、找冷氣開關、開冷氣、設定溫度，陷入一場剛到家，就隨之開啟的緊張大戰。試想，這時如果家中裝設了智慧居家 AI 系統，媽媽在到家前 20 分鐘，只要對手機 AI 助理（如 Siri）說一聲：啟動回家歡迎模式。當媽媽與小小孩回到家時，背景音樂響起，從天花板投下溫馨的暖光，既不刺眼，也不必讓人到處摸找開關、冷氣遙控器。一切都在最佳狀態，就等著主人回家。這種方便的 AI 人工智能迎賓模式，也可以在所有手持行動裝置上，透過 APP 啟動回家迎賓模式。類似的，主人也可設置工作模式、備餐模式、遊戲模式、睡前模式、熟睡模式、訪客模式……等，迎合家庭的各式各樣需求。不僅如此，還可以依照春、夏、秋、冬等不同季節，設定不同因應模式，一切只要透過 APP 控制就可以了。當夏天太陽西曬時，家中的 AI 會盡責地按照主人的設定，時間到時，或日照量超過某個定值時，就自動放下遮陽／百葉／窗簾，遮擋陽光，為主人節省電費，與增加室內舒適度。此時，有操控 APP 的手機（物），也就是能開啟其他物（燈具、空調及音響等）的媒介。以「物」串連各式各樣服務人的「物」，也就形成一個簡單的物聯網世界。

其次，像社區住宅大樓的燈光效果，也可以透過自動控制系統，呈現既節省能源又美觀的情境。例如：晚上 9：00 以前，社區進出的人較多。所以，一樓門廳、公設庭園、屋頂、外牆的燈是全亮的，以達到安全與美觀的效果。但，隨著入夜進出人的減少，與居民睡覺休息時，夜晚 9：00 到凌晨 5：00 間，只須留著一樓門廳、部分步道，與約 3 成維持基本安全的燈是亮的就可以了。當 5：00 以後，太陽逐漸升起，燈幾乎就可全部關閉了。社區管理員不需打開複雜的機電控制箱，一一打開或關閉燈具。社區 AI 助理會依照社區管理員的設定，依時、依序執行它的任務，讓人數有限的社區管理員，可聚焦在真正重要的事情上。這種複雜的、重複性高的、可預測性的居家管理項目，我們已經可交付給 AI 了。當然，居家的住宅大樓照明可交給社區 AI 系統，都市裡林林總總的辦公大樓、停車場、百貨公司、購物商場、銀行、超商……等，也都可導入 AI 系統，讓生活更便利、更安全與更舒適；也讓大都市節省更多不必要浪費的能源。臺北市的總統府、臺北 101、信義計畫區的旅館、著名書店、商辦大樓、百貨公司，早已都 AI 就位了。

　　除此之外，目前也有圖書館引入人臉辨識系統、自助借書、還書的系統。中華郵政與 PcHome 也導入 i 郵箱智能櫃設備，就是幫助取件人的小規模物流 AI 系統。類似的公共服務 AI，也可在機場的自助 check in AI 互動機、快速通關櫃臺、無人自助超市等見到。有趣的是，近來流行的旅館自助 check in 模式，引來許多長途旅行旅客或跨國旅行旅客的抱怨與投訴。因為，當長途旅行的旅客拎著大皮箱與大包小包手提行李，辛苦來到旅館時，大都是既疲憊又陌生；尤其是跨國旅行，更是千里迢迢，百般奔波。此時，旅館 AI 如果沒有提供旅客的母語，在互動溝通時，就容易產生誤會與不方便。疲憊的旅客，需要的是真人的、有禮貌的、耐心的服務人員，趕快協助辦好入住手續，讓人與皮箱、行李平順到達客房，脫下鞋，好好洗個澡，睡一覺，愉快的展開旅程。而不是在入住時，非但得不到真人的貼心服務，還惹來一頓冰冷 AI 氣！因此，在目前，AI 的應用，必須選擇適當的場域導入，才不會適得其反。

　　值得注意的是，在餐廳部分，AI 點餐收費服務，就較受歡迎。用餐前，先到 AI 點餐機前，看著畫面的圖片與文字，有中文、英文。因此，點餐語言沒問題。既可選內用，也可選外帶；也可在單點、簡餐、套餐、西式、中式等不同選項畫面中，交互切換，進行消費。選擇完畢後，再選擇付帳方式。舉凡信用卡、Apple Pay、GooglePay、街口等網銀支付，也都適用。因此，點餐結帳完畢後，無論用餐者或餐飲服務人員，都可以不碰到現金，更快速地享用餐飲服務或提供顧客潔淨的服務（圖 2-19、圖 2-20、圖 2-21：香港科技大學點餐機）。尤其，在 COVID-19 疫情流行期間，許多餐廳紛紛引入 AI 點餐機。也有在桌面貼上 QR-code 的手機點餐、付費機制，進一步落實從〔點餐〕到〔享用餐點〕，與紙鈔、硬幣〔零接觸〕的服務模式。這種以手機為連結載體（物）的創新服務模式，為防疫立下汗馬大功。再如全家便利商店的「智慧販售機」（簡稱智販機），無人服務的超市等，也都是 AI 進入公共服務場域的實例。以上這些情境，其實都已出現在 2021 年的生活時空中。只是有些讀者已全部親身經歷；有些讀者可能只是部分經歷。但未來呢？未來 AI 可能在哪些方面，影響我們的生活型式？

　　既然已有如此的 AI 服務，正影響著我們的日常生活。那麼，這些服務所須的設備、道具或軟體介面，就需要設計人的介入。只是，此時所需的設計人，須擁有開放的心態，也就是活到老、學到老的心態，才能一一解決日新月

圖 2-19　配著呼叫器的 AI 點餐機（倪晶瑋攝）圖 2-20　有多種語言與中西餐多元服務的 AI
　　　　　　　　　　　　　　　　　　　　　　點餐畫面（倪晶瑋攝）

圖 2-21　用餐者與餐飲服務人員都可不碰到現金的 AI 點餐機，可提供更快速更潔淨的服務
　　　　模式（倪晶瑋攝）

異的 AI 科技，帶來的因應調整需求。以剛剛所述的 AI 點餐機為例，以前設計的點餐機，只要工業設計師就足以應付。但，AI 點餐機卻不是單純的工業設計師可一手包辦的。因為，不是只設計點餐機的漂亮造型與按鍵功能而已。而是消費者按完鍵後，將畫面訊息轉成正確的點餐指令，傳到備餐的 AI 機，為消費者準備所點的個別的、不同的餐點（內用、外帶、西式、中式、簡餐、套餐）。不只如此，還要處理結帳的問題。此時，軟體工程師的配合創作，就是不可或缺的了。因此，以前，一臺點餐機只要工業設計師就可完成；現在與未來的 AI 點餐機，卻需要工業設計師、介面設計師與軟體工程師相互合作才能完成。意即，對設計人而言，跨領域的溝通、合作與學習是必須的。既然如此，未雨綢繆起見，產品設計範疇中，讓服務智慧化的簡易軟體設計，或許，也是未來設計人該具備的基本技能。較繁複的，高階的軟體設計，則有賴跨領域的合作，方能達成目的。設計人的訓練，已不能只偏限在既有的技術面訓練。因為科技進步，趨勢改變的創新服務模式與跨領域溝通合作力的培養，更是不容忽視。基本上，創新及服務模式的研究、開發與落實的影響力，實大於純粹的產品設計。因為，一種新的服務模式，可能促成多款不同的產品開發，而影響市場獲益與提升人類生活福祉。

　　至於，對空間設計領域的設計人而言，鑑於建築、室內、城市與都市環境中開放空間設施等的生命週期，遠比一般的應用性產品長。因此，如何在實質設計時，就預留未來科技進步，通訊應用設備快速更新下，不須拆牆、拆天花或拆地板等，就可完成所須之技術更新需求，是未來的一大挑戰。舉例而言，目前的老舊社區，不管是住宅或商辦大樓，通訊設備管線均是舊有 4G 規格。當 5G 應用成為主流，而 4G 淘汰時，這些被包覆在天花、牆體內的管線，如何在最少、最小的破壞下完成所有更新，就是一大挑戰。更何況是其他更複雜的機電、消防與節能智慧化共構系統。此部分若未能適當解決，我們的生活空間內，要不就是見到許多粗細管線；要不就是將人體暴露在高劑量的電磁波下。無論是影響視覺美觀，或影響人體健康；相信，都不是我們所樂見的。

　　隨著網際網路的發展與進程，資訊在我們的日常生活中，已是不可切割的一部分：文字圖像、影音串流、語音、計算式、財務報表、設計圖說等，都是資訊，都是可交換的 data。這些 data 搭配一定的人、事、時、地與物，變成我們生活中報平安，表達關懷，慶祝喜悅，扭轉公司危機，促成一段好姻緣，挽

救一條生命，幫助走失的小孩找媽媽，或避免一場海嘯、土石流的災難，了解高危險性疫情擴展，甚至引起一場世界大戰的媒介。這些快速在網際網中串流的 data，正以飛快的形式，在個人、在家庭、在社群中、在種族、在國家間形成各式各樣的意義。這也就形成〈設計 AI。AI 設計〉的關鍵。哪些前所未有的生活行爲，會逐漸出現？經過發芽、成長、開花與結果的方式成爲主流？正是每一位設計人該極力關心的事！舉例而言，在阿公阿嬤、爺爺奶奶時代裡，在廟口榕樹下喝茶、下棋、聽收音機、看布袋戲、歌仔戲、收多戲的景象，對千禧世代出生的年輕人，的確是陌生的、無感的。但大小社區中越開越多的大小咖啡廳中，卻可看到單獨的、結伴而來的三兩好友，爸媽帶著小孩、情侶、商務客等。各式各樣不同的族群，彼此共享一個第一次來、第二次來，或常常來的咖啡廳。潛在的，不約而同的一種共識與默契，讓不同年齡層的消費者，開心的在咖啡廳中，渡過一天。即便，除了自己與同來的家人和朋友外，大部分的人都是不相識的陌生人。但這一群陌生人，在同一時段的咖啡廳中，卻又像同一族群的人一般，各自互不侵犯地和諧共處：看書的看書、打電腦的打電腦、遛小孩的遛小孩、準備考試的，還有家教與學生的互動練習等。這群混齡的消費者，一點也不怕被吵到，繼續專注地，一次又一次地做著自己熟悉的事。這種景象，就是當今社會所竄起的，所謂的「共享生活」：一種集體的、孤島式的「共享生活」：一種年輕人、中年人，甚至上了年紀的人，都樂於進入消費、體驗的生活空間。書本、品牌文創品、音樂；咖啡香、茶香、蛋糕、簡易三明治；2 人座、4 人座、6～8 人座；沙發座、長條桌；溫暖的燈光、世界旅行的大海報、咖啡烘焙的分解圖等，都是這種咖啡廳的標準配備。插座與網路 WiFi 服務，更成了不可或缺的必要設備。這種對提供「集群裡的孤獨」的服務需求，就是爲何一間間咖啡廳，在社區中風湧雲起開店的原因。其實，我們的生活是被網路科技設計了，而不只是我們創造了網路科技。AI 發展對未來生活的影響，我想，也會有相當的類似性。是我們設計 AI，還是 AI 將設計我們的生活風格（Lifestyle）？如何洞察消費者與使用者的新需求，進而創造新的生活空間，成了空間設計領域的一大議題。

請沿虛線剪下

選擇題

1. 下列哪些設計選項涉及AI知識？（可複選）

(A) Foodpanda與Uber Eats訂餐

(B) Airbnb訂房

(C) 居家智能系統

(D) 馬斯克（E. Musk）願景，未來電動車間的自行相互溝通

(E) 以上皆非

2. 請上網探索一下，在台灣，iROBOT機器手臂煮一碗牛肉麵，需時多久可上桌？

(A) 2分鐘

(B) 3分鐘

(C) 4分鐘

(D) 5分鐘

(E) 10分鐘

問答題

1. AI是Artificial Intelligence的縮寫，那麼IA是什麼？試著透過網路，自己或與組內的夥伴一起找出答案，並與AI做一比較。

2. 請上YouTube探索一下，一個以機器人／機器手臂為主的美食廣場，在動線與空間設計上，有何特別之處？（提示：廣東碧桂園機器人餐廳）

Ans：

選擇：1. (A)(B)(C)(D)　2. (B)

問答（答案僅供參考）

1.

名稱	英文對照	本質	應用
AI（人工智慧）	Artificial Intelligence	模擬人類做出感知與決策	偏向由機器決策的應用
IA（擴增智慧）	Intelligence Augmentation	在人的主導下提供輔助	偏向人機協同合作的應用

基本上，目前AI與IA間存在高度重疊性；然而，IA更專注在機器擴大與升級人類的專業，而非取代人類。

2.

(1)在動線上，要考量機器人的行動平緩與便利性，避免動線上造成障礙的高低差或寬度不足所引起人流的干擾。原則上，機器人以在同一水平樓層服務為主。如需上下樓層移動，則建議設置機器人專用電梯。

(2)在空間上，除應滿足機器手臂的運作尺寸、機器人的移動可及性與方便性外，也應顧及整體空間氛圍的溫馨與舒適感。因為餐飲空間是「為人而設」，而「非為機器而設」。

AI 結合物聯網於智慧環境監控

一、環境污染

　　臺灣早期因著重以經濟發展為主，1970 年代倡導「客廳即工廠」運動，以農業培養工業的策略，忽略國土規劃利用之合宜性與整體考量，加上整體性環境保護觀念尚在推廣下，國土利用區位不分，工廠長期排放含有重金屬等污染質之廢污水，使環境遭永久傷害。同時，隨著工業快速進步，都市高度發展，大量使用低技術的能源，除了排放大量溫室氣體（Greenhouse Gas, GHG）及空氣污染物，也對生態環境與人體健康產生危害，如圖 2-22、2-23。

圖 2-22　水汙染圖（變色的水）
圖片來源：https://visualhunt.com/f3/photo/3059530914/a658375b3e/

圖 2-23　空氣汙染圖（煙囪排放）

圖片來源：https://visualhunt.com/photo2/159464/

　　為改善此種「歷史共業」的污染問題，可以從資訊整合、技術研發、管理機制、學術研究等面向分頭進行。早期資訊掌握不易，各種環境污染相關資訊均掌握在不同公部門手上，導致問題發生時缺乏整合性的資訊判讀而反應不及，因此資訊整合乃刻不容緩。同時，科技力的進步，讓現今的世代有能力來觸碰這棘手的問題。由於技術力的提升，雲端、物聯網、大數據、人工智慧等各種新科技概念已然成熟，將此高科技監測、預測技術導入環境檢測領域，並非遙不可及。

二、物聯網環境檢測技術

㈠ 水質監測

　　傳統對於環境中水質的檢測存在許多盲點，稽查人員通常到現地進行隨機採樣，而採樣頻率多為每個月一次，將樣本帶回實驗室進行分析，得到結果後已經過三到七天。更不用說接獲民眾陳情有污染情事，待人員抵達現場將樣本

保存並等待結果，曠日費時，是否具有代表性為許多人所質疑。然而不肖業者進行違法偷排，往往是在半夜，甚至隨著大雨將證據沖到遠處，因此單點隨機採樣常檢驗不出水質異常，這樣的傳統作業方式並無法有效監控環境所面臨的問題。

隨著科技發展，行動通訊等技術普及，物聯網已然成為現今科技一個重要發展的議題，因此打造連續即時監測系統是有其必要。數十年來，水質檢測技術亦在進步當中，許多水質項目的檢測方法已經有對應的感測器可以完成，或許對照傳統實驗室方法而言有精準度的問題，但仍有做為參考判斷的價值。

以成熟度極高的基本水質測項—電導度、溶氧、氫離子濃度指標 pH 來說，攜帶型的感測儀器已是普及且廣泛被使用的，因此以現行的技術來說完全有辦法打造放置於現地，且將數據即時回傳的測站（如圖 2-24），透過太陽能供電，微功耗的控制紀錄器搭載各種水質感測器，配合基本的電信通訊設備使用行動網路，將測得的數據即時傳回雲端系統（如圖 2-25），若將站點密度增加，則可以成為連續水質監測網。

圖 2-24 自動監測現地測站

當測站監測到污染發生，可以透過控制器發布訊息（如簡訊、即時通訊軟體等）通知有關單位進行應變措施，或呼叫自動採樣器進行樣本保存，讓整體環境監測措施有別於傳統方法，進入另一個層次。

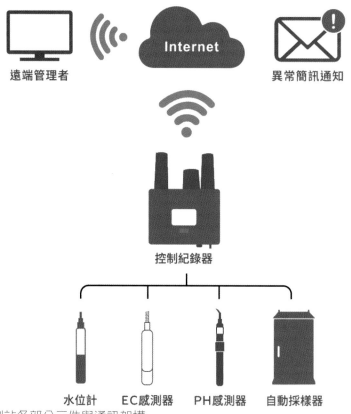

圖 2-25　自動測站各部分元件與通訊架構

(二) 空氣品質監測

　　現今空氣品質日益惡化，許多人出門都戴著口罩，而環境中的水，一般民眾平常不一定會接觸，因此比起水質來說，許多人更在乎空氣品質問題，環保署的「空氣品質監測網」成為熱門網站，是多數人出門會參考的依據（如圖 2-26）。

　　然而，政府官方測站肩負準確、可信賴之職責，在數據呈現上務必要精準，且涵蓋多種測項，因此測站價格高昂，維護成本高，在布局上數量有限，涵蓋密度無法佈及各地區。

　　以現今大家所關注的 $PM_{2.5}$ 來說，民間開發的空氣品質監測產品已具有一定的成熟度，如圖 2-27 所示之空氣盒子 EdiGreen AirBox，是由民間業者和中研院合作，研發成本較低之實體監測器材—空氣盒子，提供給學校和市民，進行大量點為佈設，透過無線網路 Wifi 將各測站資訊回傳至統一平臺。由於產

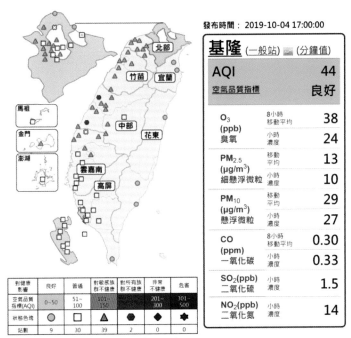

圖 2-26　全臺空氣品質官方測站分布圖（擇一）

資料來源：環保署空氣品質監測網，上圖為 2019 年 10 月 4 日 17：00 之空氣品質狀況

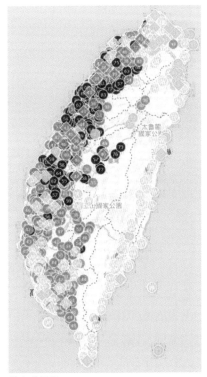

圖 2-27　全臺空氣品質 PM$_{2.5}$ 分布狀況

資料來源：空氣盒子網站，上圖為 2019 年 10 月 4 日 17：00 之空氣品質狀況

品價格親民，民眾本身亦想要了解自身周遭生活環境之空氣品質（懸浮微粒 $PM_{2.5}$），驅使多數民眾願意購買產品，共享數據。即使數據精準度不如官方測站，但由於數據量龐大，測站點位分布愈是密集，愈能提供更佳清楚之空氣品質分布趨勢，為全民共享數據之優良範例。

至於少數測值與周遭測站差異甚大者，在學術面上可以單獨進行分析，中研院等相關研究單位在持續收集數據的過程中，對各種數據進行分析演算，便可透過機器學習等方法建立模式判讀特異數據發生之可能性。

三、人工智慧技術導入

當連續監測測站網路建構完成後，其運作同時分分秒秒可以有源源不絕的數據回傳至雲端系統，透過大量的圖資蒐整與清理整合，可以將連續監測資料作初步的學習與特徵分析，即針對資訊找到特徵後建立模型（線性或非線性），並運用機器學習的方法，以雲端中大量資料進行訓練，可以預測即將可能發生之污染情形。

透過人工智慧的技術，以大量的數據深度學習。其中時間迴歸神經網路（Recurrent Neural Network, RNN）具有時間序列的特性，如圖 2-28 所示，上一層類神經網路訓練出來的輸出會再回傳至下一個時間點的輸入當中，然而傳統的 RNN 隨著類神經網路的層數增加，層數較前面的資訊會被稀釋掉，稱為 long-term dependency。

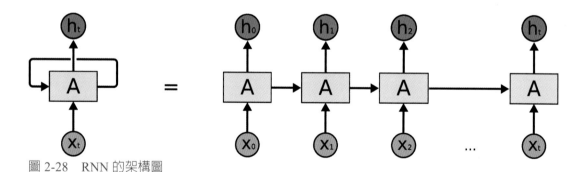

圖 2-28　RNN 的架構圖

長短期記憶模型 LSTM（Long Short-Term Memory）是一種時間迴歸神經網路，在處理序列資料表現優異，常見的應用有語音辨識、自然語言處理等，模型的整體架構（如圖 2-29）。LSTM 更能將短期記憶的時間範圍拉長，進而

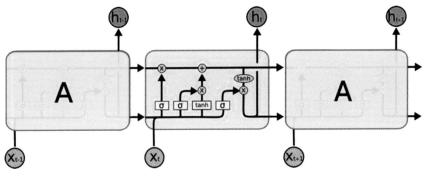

圖 2-29　LSTM 的架構圖
圖片來源：http：//colah.github.io/posts/2015-08-Understanding-LSTMs/

獲取前數個時間點神經網路內部資訊，有利於讓模型觀察出任意一小段時間內污染物濃度的變化趨勢，找出濃度與時間序列之間的關聯性。透過近期採集到的污染物濃度，就能預測下一個時間點的濃度，甚至還能利用這個預測再傳回給 LSTM，不斷獲得未來預測。

　　長短期記憶模型 LST 預測未來污染物濃度變化為一種時間序列模式需要間隔時間固定的資料才能夠精準預測，如圖 2-30 所示。圖中前 70% 的資料設定為訓練資料（藍色線條），後 30% 的資料設定為驗證資料（紅色線條）。

　　用已知的實測資料當作未知預測資料來評價模型作為預測未來可能發生的污染物濃度變化而言，上圖中紅色線條與實測值呈現高度重合，表示 LSTM

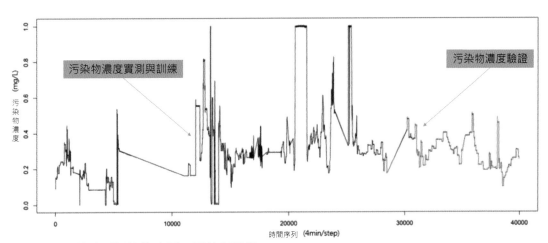

圖 2-30　環境監測污染物實測、訓練與驗證
圖片來源：作者石栢岡自製

模式所推估訓練資料的濃度值非常接近實際情形。從結果來看，只要提供足夠大量的連續監測訊號，經由人工智慧模型訓練，就能夠達到相對精準的環境污染預測，作為政府或相關單位緊急應變行動依據。

四、未來展望

近年來政府積極推動物聯網與人工智慧結合的環境監測系統，適當整合各種現存以及未來擴大密集佈設之感測元件與傳訊設備，有朝一日能夠集成各類自然環境資訊，透過人工智慧技術，能夠協助我們分析除環境污染問題以外，以至於植被綠化變遷、自然災害監測、極端天氣預警等全球性的環境議題。

然而，就現階段而言，人工智慧技術仍在發展階段，還有待專家學者以及業界的努力來提升人工智慧在預測環境資訊的準確度。在環境議題上，科技永遠只是輔助，人類才是真正的主導者，人工智慧再發達，帶來的也只是技術層面上的改變。人工智慧雖然可以為人類在環境監測、環境保護上帶來許多便利，真正製造問題的是人類，也只有人類能去解決問題。解決環境問題，還是必須將環境教育的觀念深植於我們的下一代，才能讓人真正正視自己在環境中的定位，與大自然和平共存。

選擇題

1. 環境監測上，是由於何種技術力的提升，讓人工智慧得以應用於環境監測？

　　(A) 大數據資料收集

　　(B) 物聯網技術

　　(C) 雲端運算

　　(D) 以上皆是

2. 在環境監測中，物聯網技術可以提供各種優勢，下列敘述何者為非？

　　(A) 能夠提供大量的資訊，可以有足夠多的數據讓人工智慧系統進行進一步演算

　　(B) 能夠提供相較於傳統方法更精確的檢測數值，準確得知現場狀況

　　(C) 能夠提供即時的數據，讓從業人員即時掌握現場狀況

　　(D) 能夠提供連續性的監測，而非單次採樣分析結果

問答題

1. 請簡述在環境監測中，可以導入何種人工智慧技術，並達到什麼樣的結果？

Ans：

選擇：1. (D) 參閱P.98第一段。2. (B) 參閱P.99第二段，傳統方法為人員至現場採樣並於實驗室中進行分析，特別是以政府認證的實驗方法來檢測，在結果的準確性上較高且可信賴。

問答：（答案僅供參考）

1. 以大量的時間序列環境監測數據來說，使用深度學習中的時間迴歸神經網路（RNN）進行訓練，可以讓模型觀察出一小段時間內汙染物濃度變化的趨勢，找出濃度與時間序列之間的關聯性，進而對未來可能的變化進行預測，協助從業者作為緊急應變行動的依據。（參閱P.102「三、人工智慧技術導入」小節）

AI 醫學與健康照顧

　　應用在醫學上的人工智慧（AI），最早可以追溯到 1972 年，由史丹佛大學所開發的 MYCIN 系統，用以分析病人血液的感染源，進而提供醫師施打藥物的建議。AI 是以「人工」編寫出的電腦程式，模擬出人類的「智慧」行為，是故稱之為「人工智慧」，透過人工神經網絡（一種模仿生物神經網路結構的數學模型），使用多層非線性函數來進行深度學習，可分析數據，並對所記錄的資料進行分類或預測，其中包含模擬人類大腦的「推理決策、理解學習」、感官的「聽音辨讀、視覺辨識」、及動作類的「移動、動作控制」等行為。

　　在尚未導入 AI 之前，醫療的預測僅能在臨床數據中，分析有限的臨床變量。由於 AI 可以處理大量的原始數據，識別原始數據中有意義的關係，並學習如何使用最重要的變量來分析數據。因此，研究人員可以借助 AI 來預測臨床數據，提供更精準的診斷及治療建議，解決人類難以解決的複雜問題。從 1980 年代起，有許多研究人員相繼投入在 AI 醫學及健康照顧中，但直到 2000 年代，才逐漸興起廣泛的實際應用。目前 AI 在醫學上的應用，主要集中在醫療診斷、個人化治療、疾病預測、醫學影像、輔助機器人及藥物開發等。

一、醫療診斷及個人化治療

　　受限過往的訓練模式，過去醫生看診，大多依據基本檢查的結果及病患對病症的主觀敘述，加上自身診療經驗後下診斷。多看重疾病治療的問題，較少察覺病患的個別差異，而病患不同的年齡性別等個別化的差異，往往又會影響治療的結果。因此，若可藉由 AI 綜合評估病患的個人化差異等臨床數據，醫生則可針對病患狀況做精準的診斷，並提出最佳的治療方案。例如：蛋白質檢測、基因檢測等，加上患者的個人資料，彙整成人體基因資料庫，並納入最新的醫學報告、公共歷史數據庫以及患者特定的數據。因為大部份的保健數據是非結構化的，分析相當耗時費力，藉由 AI 可協助處理不同來源的臨床大數據

（包括文本和圖像數據），提供醫生需優先規劃的緊急患者名單。透過 AI 的協助，能使診斷時更加客觀，同時也減少醫生在疲勞或緊急情況下時所產生的誤診，進一步提高治療效率及降低醫療成本。

二、疾病預測

AI 能追溯過往的人體資料庫，了解病患整段疾病的發展歷程，並協助醫生自動填寫病患電子病歷和健康記錄，探討疾病的因果關係。即使病患還未出現任何症狀，也可警告處於危險之中的患者，達到有效預防疾病的發生。喬治亞理工學院的研究人員，使用 AI 深度學習來分析病患的病歷，可以提前一到兩年，準確預測心臟衰竭發生。托馬斯‧傑弗遜大學（Thomas Jefferson University）的研究人員，更利用 AI 來識別胸部 X 光，確診結核病。針對於慢性或重症病患，AI 亦可提供醫生更客觀及理性的預測分析及健康照護，讓醫生與家屬有更好的溝通依據，並提高重度病患進入臨床試驗的機會，減少病患的身心折磨及社會資源的消耗。未來甚至可藉由 AI 分析，依據個人差異提供個別化的疫苗施打計畫，以減少資源浪費及過量施打疫苗對人體所產生的副作用。

三、醫學影像

AI 在醫學影像分析上，也可發揮重要角色，幫助醫護人員更快速地診斷疾病。由於醫療人士不見得都具相同專業，因此未來可藉由 AI 自動辨識並解讀影像，對經驗不足的年輕醫生而言相當實用。例如，美國食品藥物管理局於 2018 年批准 AI 眼部診斷軟體 IDx-DR 上市，這款軟體不需經臨床醫師解讀影像，便能直接提出診斷篩查結果。而谷歌旗下的 DeepMind 公司，利用大量視網膜圖像，開發 AI 判讀軟體，能協助年輕醫師減少誤診，達到與經驗豐富醫生相似的水準。在放射腫瘤核醫科上，利用 AI 演算可以顯著提高影像的解析能力，協助醫生在使用核磁共振影像（MRI）、電腦斷層（CT）或超音波時，能更精準地發現疾病跡象。由於 AI 可以將圖像掃描到單個像素，並可自動識別出人眼無法察覺的細微差異。透過 AI 分析，未來醫生更可直接透過影像來診斷病變細胞，免去經由組織切片觀察等耗時的診斷過程。

四、醫療機器人

　　隨高齡化社會的來臨，醫療照護的需求大幅增加。因此，爲了減少醫療人員的過勞，透過 AI 醫療機器人大量應用在手術、智慧輔具及銀髮長者照護上，可補足醫療人才的不足。研究人員可依據不同療程，在醫療機器人上編寫操作計畫及動作程序，然後把動作轉換成醫療過程的機械運動。例如利用復健機器人，可配合物理治療師進行個人化的復健療程規劃及復健動作執行。未來甚至可讓行動不便或神經受損的病患，直接透過腦波來控制醫療機器人，協助病患復健或行動。在進行微創手術時，輔助機器人可以輔助外科醫師更精準進行複雜的手術，同時讓病患手術傷口減小，增加術後的復原速度。除此之外，醫療機器人也可導入到每個家庭，應用在銀髮長者的健康照顧。目前相關的應用主要集中在虛擬護理、精神健康、在線問診以及風險識別管理。藉由遠端平臺，銀髮族在家就可以自行測量生理指數，並進行諮詢與健康問診。同時，藉由直接與機器人對話，可即時提供銀髮長者個人化的營養諮詢、運動、陪伴與輔助等醫療照護。

五、藥物開發

　　除了上述應用外，AI 也可應用於藥物開發。特別在新藥或疫苗開發初期，既費時又昂貴，未來研究人員可透過 AI，快速分析個人的基因組，並整合最新文獻、非結構化數據及知識庫，以加速新藥的研發，同時減少研究員在初期判斷研究方向上的錯誤。近年來，細胞療法及再生醫學逐漸被醫學所認可，但因爲治療所使用的細胞及培養液來源，常來自不同病患的組織或體液。導致每次的治療都必須仰賴同一批或經驗豐富的研究人員，才能製備出穩定的人工組織。針對人工組織製備的不穩定性，日本京都大學高橋（Takahashi）團隊，利用 AI 機器人進行研究。透過 AI 的深度學習，機器人可以複製資深研究人員的操作動作，讓每一批利用可誘導萬能幹細胞（iPS）所培養出的人工組織，可以更穩定的用於治療病患的視網膜病變。藉由 AI 機器人的協助，未來更可將機器人安置在世界各個醫院，讓各地所培養出的人工組織都如同來自同一位研究人員，可大量減少研究人力的需求，並降低病患的治療風險。

六、結論

　　未來 AI 會越來越廣泛地應用到各種疾病的臨床診療中，使診斷的時間縮短、可靠度與準確度提升、更快速爲每個患者呈現最佳治療方案，以便直接有效幫助醫生提供更精準的治療決策與照顧計畫，避免醫療人員過勞、精簡醫療成本。隨著醫療科技的進步及人口的老化影響，AI 醫療產業將會是未來世界各國所競逐的產業。而臺灣在這場科技競逐中擁有人才及完整產業聚落等兩大優勢，正是臺灣在 AI 醫療浪潮下可以發光發熱的優勢產業。

延伸閱讀：

1. Amisha, et al. Journal of Family Medicine and Primary Care. 2019; 8: 2328-2331.

2. Yu KH, et al. Nature Biomedical Engineering. 2018; 2: 719-731.

3. Shiraishi J, et al. Seminars in Nuclear Medicine. 2011; 41: 449-462.

4. Hessler G, et al. Molecules. 2018; 23: 2520.

5. Hamet P, et al. Metabolism. 2017; 69S: S36-S40.

選擇題

1. 未來哪些設備有機會利用AI演算法協助醫生更精準診斷疾病？

    (A) 電腦斷層

    (B) 超音波時

    (C) 核磁共振影像

    (D) 以上皆是

2. 請問哪些不是AI應用在醫療發展的主要目的？

    (A) 提供醫生更精準的影像分析

    (B) 減少新藥的開發時間及人力成本

    (C) 讓AI完全取代醫生，直接開立處方給病患，以減少病患排隊時間

    (D) 提供診斷建議，協助醫生降低診斷誤判的風險

問答題

1. 未來50年，醫院哪個科室最有可能被AI機器人所取代？

Ans：

選擇：1. (D)　2. (C)

第三章

AI 實作演練

大家都來玩 AI—影像辨識

　　在實作一開始，想問一個簡單的問題，圖 3-1 中有兩種動物的圖片，可以知道分別是什麼動物嗎？相信大家都可以快速地回答出圖片裡的動物分別是貓與狗，甚至有些人還能準確地說出貓與狗的品種，但是，還記得我們是從什麼時候開始知道這兩張圖片分別是貓與狗的嗎？其實，我們的大腦就像人工智慧的分類器一樣，都是從過去的經驗中，依據各個管道或是媒介，將貓與狗的分類在腦海中進行學習，比如小時候父母指著貓與狗的圖片告訴我們，這動物是貓、這動物是狗，此種針對問題有明確答案的學習方式為前述章節所說的監督式學習，這也是我們此章節要學習人工智慧實作應用的影像辨識學習方式。

圖 3-1　貓（左）與狗（右）的圖片

　　之前的章節我們認識了人工智慧、機器學習、深度學習等名詞，此三者間的關係如圖 3-2 所示，人工智慧可以定義為，使用機器來展現人類的智慧的方式，即使用機器來完成需要人類才能達成的任務；而機器學習是人工智慧的一種實現方式，與通過特定演算法來完成任務的方式不同，是透過大量資料的特徵來學習，以找到其運行規則來達到人工智慧的方法；而深度學習則是機器學習的一種技術，其不需用透過特徵工程來提取特徵進行學習，其模型本身就包

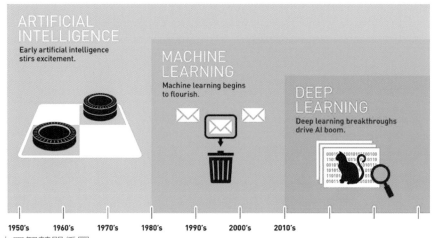

圖 3-2　人工智慧關係圖

圖片來源：https://blogs.nvidia.com.tw/2016/07/whats-difference-artificial-intelligence-machine-learning-deep-learning-ai/

含了自動特徵提取的功能，只需要給予大量的數據與對應的答案即可得到適合的演算法，或是稱作運算模型。

　　機器學習是透過大量資料的特徵來學習的人工智慧，而一般我們會將原始資料集分為訓練資料集（training dataset）與測試資料集（test dataset），如圖 3-3 所示，訓練集通常會占大部分比例，用來訓練模型，訓練完成後，再使用未參與訓練的測試集來測試模型的效能。然而，為了避免過擬合（overfitting）的情況發生，通常會將訓練資料集再切分一部分作為驗證資料集（validation dataset）（如圖 3-4）。舉例來說，訓練資料集就像教科書，用來學習知識，驗證資料集則是練習題，用來確認學習的效果，避免背題目、死讀書之類的情況發生，而測試資料集則是最後確認學習成果的期末考試。

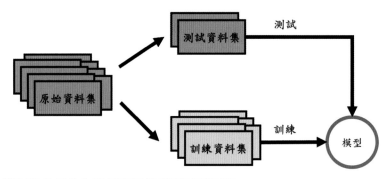

圖 3-3　原始資料集會拆分為訓練資料集與測試資料集

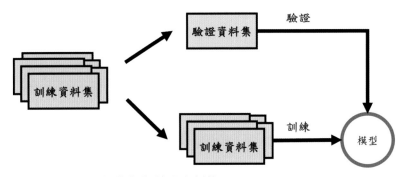

圖 3-4　訓練資料集會分出一部分作爲驗證資料集
圖片來源：作者葛宗融自製

　　機器學習的訓練、測試流程圖如圖 3-5，在監督式學習的情況下，機器學習會從大量過去的資料（data）和經驗（labels，即答案）來學習，通過其特徵（features）來找出新的演算法（model，即模型）來完成任務。而我們接下來會使用的機器學習方式爲人工神經網路（artificial neural network, ANN），人工神經網路是一種模仿生物神經結構的數學模型，如圖 3-6 所示，可以分爲輸入層（input layer）、隱藏層（hidden layer）、輸出層（output layer）三個層次，其中隱藏層數量可以由模型設計者進行調整，隱藏層的每個神經元都代表一個抽象特徵。人工神經網路中每層神經元之間都有連結，如圖 3-7 所示，每一個下層神經元都與前一層所有神經元有連結，並擁有各自的權重與偏差，其關係如式 -1 所示：

$$a_0^{(1)}=\sigma[(W_{0,0}^{(1)} \times a_0^{(0)}) + (W_{0,1}^{(1)} \times a_1^{(0)}) + (W_{0,2}^{(1)} \times a_2^{(0)}) + B_0^{(1)}] \qquad （式 -1）$$

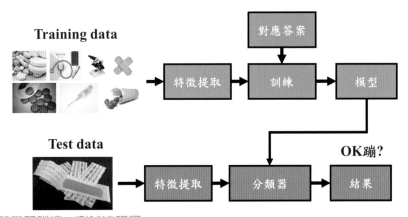

圖 3-5　機器學習訓練、測試流程圖

　　a 爲當前人工神經元的激勵值，輸入層的激勵值即爲特徵的參數，而每條連線都具有自己的權重 W（weight），特徵傳遞時，每個人工神經元的激勵值會乘以對應的權重並傳到下層的人工神經元，每個下層人工神經元會再加上對應的偏差 B（bias），最後運算結果會帶入一個激勵函數（activation function）σ 中進行調整，激勵函數通常爲非線性的，而現實中的問題也大部分都是非線性的（如圖 3-7 的 sigmoid），所以透過激勵函數可以讓神經網路處理比較複雜的非線性問題。

　　人工神經網路的基本原理是透過賦予各資料特徵不同權重與偏差來進行分類，人工神經網路的訓練流程圖如圖 3-8 所示，最後輸出層的激勵函數會與正

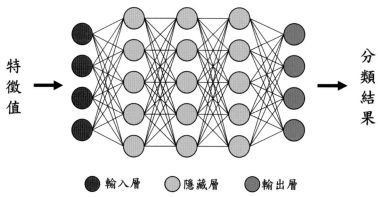

圖 3-6　人工神經網路模型
圖片來源：作者葛宗融自製

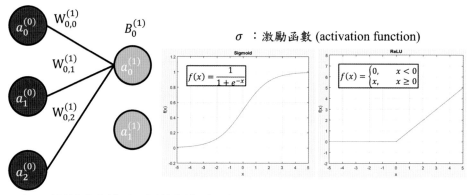

圖 3-7　人工神經網路的權重、偏差與激勵函數
圖片來源：作者葛宗融自製

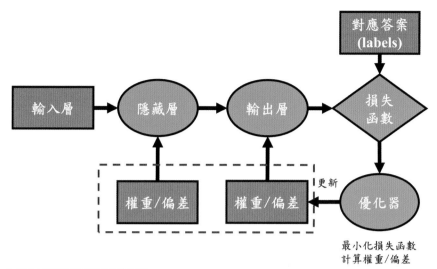

圖 3-8　人工神經網路訓練流程圖
圖片來源：作者葛宗融自製

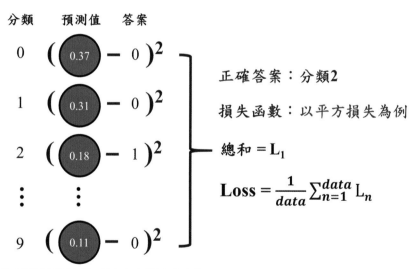

圖 3-9　損失函數計算範例（以平方損失為例）
圖片來源：作者葛宗融自製

確的答案比較，進行損失函數（loss function）的計算，如圖 3-9 所示，假設今天答案為分類 2，那麼答案處分類 2 的比較值將設為 1，其餘則設為 0，模型訓練過程中會通過優化器（optimizer）進行權重與偏差的更新來提升分類 2 處的最後輸出並降低其他分類的最後輸出，以此降低損失函數，人工神經網路模型的訓練目標就是在最小化損失函數。

此章節會使用的影像辨識人工智慧方法為常用於影像辨識的卷積神經網路（convolutional neural networks, CNN），是基於人工神經網路的深度學習模型，其在進入全連接層（即人工神經網路）前，先經過了數層的卷積層（convolution layer）與池化層（pooling layer），其層數可以依照案例不同進行調整，透過此種方式進行自動特徵擷取並大幅降低需要訓練的參數量，卷積神經網路架構如圖 3-10 所示，卷積層可以通過不同的遮罩（mask），或稱為核心（kernel），對原圖的矩陣進行卷積運算來獲得特徵矩陣圖，卷積運算流程如圖 3-11 所示，將遮罩對齊原圖後進行乘積，即可得到對應遮罩中心點位

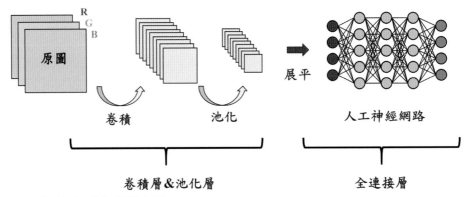

圖 3-10　卷積神經網路架構示意圖
圖片來源：作者葛宗融自製

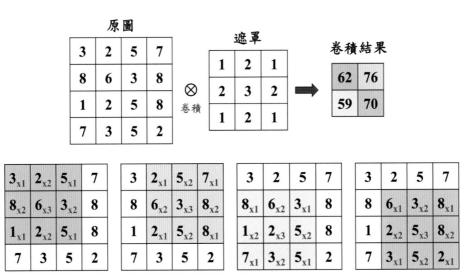

圖 3-11　卷積運算示意圖
圖片來源：作者葛宗融自製

置的結果數值，如圖 3-11 左上的卷積結果即為 3×1+2×2+5×1+8×2+6×3+3×2+1×1+2×2+5×1=62，而卷積結果會比原圖還要小一圈，若要保持與原圖大小一致，可以通過在原圖周圍補上一圈 0（zero padding）再進行卷積運算，而池化層可以幫助我們壓縮卷積層所輸出的特徵圖，留下主要的特徵，如圖 3-12 所示，以 2×2 遮罩大小的最大池化（max pooling）為例，會選取該區塊內最大的特徵值作為代表保留。當卷積層、池化層都已經運算完畢，將會將最後的矩陣資料展平（flatten）為一維的陣列進入全連接層進行人工神經網路的運算。

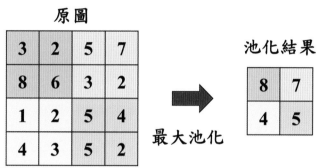

圖 3-12　最大池化示意圖
圖片來源：作者葛宗融自製

　　現在我們已經對卷積神經網路有了初步的了解，接下來將進行卷積神經網路的實際操作，我們將使用 Kaggle cats_vs_dogs 的數據集來進行貓狗辨識的實作練習，數據集可至以下網址下載（https://www.microsoft.com/en-us/download/details.aspx?id=54765），本練習使用 Python 的直譯器（interpreter）進行，Python 的直譯器可以至 Python 的官網免費下載（https://www.python.org/ downloads/），本範例使用版本為 Python 3.7.4，下載完後請下載對應的套件，可以在命令提示字元（CMD）中輸入 pip install 套件名稱 == 版本進行下載，需要下載的套件包如圖 3-13 所示。

　　下載完成後即可開始進行模型的訓練。程式撰寫方面我們可以使用交談式開發環境 IDLE（Integrated DeveLopment Environment）來進行（下載直譯器後搜尋 IDLE），此處請新增一個檔案（File → New File）後再輸入程式碼執行（執行方式 Run → Run Module），模型訓練範例程式碼以及其執行結果如

圖 3-13　使用命令提示字元下載對應套件包
圖片來源：作者葛宗融自製

下，此範例程式碼將於 shell 視窗中顯示模型的神經網路架構、訓練過程中訓練資料集以及驗證資料集的 accuracy 和 loss 的變化、模型在測試資料集測試結果的混淆矩陣。

```python
#In[1]：讀取圖片並設定對應標籤(label)
import os
from tensorflow.keras.preprocessing.image import load_img, img_to_array

class MyDataset():
    def __init__(self):
        self.images_data=[]
        self.labels_data=[]
    def load_image(self,folder_path, label):
        files = os.listdir(folder_path) #獲取該資料夾路徑內的全部檔名
        for img_name in files:
            if os.path.splitext(img_name)[1] == '.jpg':
                img_path = folder_path + '\\' + img_name #組合成影像路徑
                try:
                    img_array = img_to_array(load_img(img_path, target_size=(100, 100)))#target_size:將讀取影像轉為指定size
                except:
                    pass
                else:
                    self.images_data.append(img_array) #將影像資料添加進入images_data串列
                    self.labels_data.append(label) #將標籤(label)資料添加進labels_data串列

#如果與python檔案與影像資料夾檔案位於於同一路徑,可以直接用資料夾名稱(即相對路徑)
#或使用絕對路徑,如：r'C:\Users\Dog' 或 'C:\\Users\\Dog' (請更換為自己電腦裡的路徑)
dog_path='Dog' #狗圖片資料夾的檔名
cat_path='Cat' #貓圖片資料夾的檔名
my_dataset=MyDataset()
my_dataset.load_image(folder_path=dog_path, label=0)#讀取狗的影像,並將狗的label設定為0
my_dataset.load_image(folder_path=cat_path, label=1)#讀取貓的影像,並將貓的label設定為1
```

```
#In[2]：資料預處理與資料分割
import numpy as np
images_data = np.array(my_dataset.images_data)  # 將影像資料轉換為numpy.ndarray
images_data /= 255  #歸一化至0-1區間
labels_data = np.array(my_dataset.labels_data)# 將標籤資料轉換為numpy.ndarray

from sklearn.model_selection import train_test_split
#使用sklearn的train_test_split隨機分割資料集，test_size為測試資料集比例
data_train, data_test, labels_train, labels_test = train_test_split(images_data, labels_data, test_size=0.2)
labels=labels_test #將test的labels先另存至一變數，用於繪製混淆矩陣

import tensorflow.keras as keras
num_categories = 2 #設置分類數量
labels_train = keras.utils.to_categorical(labels_train, num_categories)#one-hot encoding
labels_test = keras.utils.to_categorical(labels_test, num_categories)#one-hot encoding


#In[3]：實例化模型 (Instantiating the Model)
from tensorflow.keras.models import Sequential
from tensorflow.keras.layers import Dense, Dropout, Flatten, Conv2D, MaxPooling2D

model = Sequential() #使用順序式模型建立我們的model

#添加第一層卷積層與池化層
model.add(Conv2D(filters=32,
                 kernel_size=(5, 5),
                 input_shape=(100, 100, 3),
                 activation='relu'))
model.add(MaxPooling2D(pool_size=(5, 5)))

model.add(Dropout(0.25))

#添加第二層卷積層與池化層
model.add(Conv2D(filters=64,
                 kernel_size=(5, 5),
                 activation='relu'))
model.add(MaxPooling2D(pool_size=(5, 5)))

model.add(Dropout(0.25))

#全連結層
model.add(Flatten())#展平
model.add(Dense(1024, activation='relu'))#添加隱藏層
model.add(Dropout(0.5))
model.add(Dense(units = num_categories, activation='softmax'))#添加輸出層(等同分類數量的神經元)
model.summary()#查看模型架構


#In[4]：編譯模型並開始訓練
model.compile(loss='binary_crossentropy', metrics=['accuracy'],optimizer="Adam")#編譯模型 (選擇損失函數、優化器、衡量指標等)

#使用EarlyStopping方法選擇epoch，patience為多少epoch以內沒有更佳值時停止訓練，monitor為選用什麼參數當標準
my_callbacks = [keras.callbacks.EarlyStopping(patience=5, monitor = 'val_loss')]
train_history = model.fit(data_train, labels_train,
                          epochs=40,
                          batch_size=100,
                          verbose=2,
                          validation_split=0.2,
                          callbacks=my_callbacks)


#In[5]：測試模型、繪製混淆矩陣、儲存模型
import numpy as np
import pandas as pd
print('Testing：')
scores = model.evaluate(data_test, labels_test,verbose=0) #使用測試資料集與其labels進行測試
print('測試準確率：{:6.2f}%'.format(scores[1] * 100))#顯示準確率
prediction = np.argmax(model.predict(data_test),axis=1)#找各測試結果的輸出最大值位置
print(pd.crosstab(labels, prediction, rownames=['label'], colnames=['predict']))#繪製混淆矩陣

#儲存模型至python檔案所在資料夾
model.save('model')
```

```
Model: "sequential"

Layer (type)                    Output Shape              Param #
=================================================================
conv2d (Conv2D)                 (None, 96, 96, 32)        2432

max_pooling2d (MaxPooling2D)    (None, 19, 19, 32)        0

dropout (Dropout)               (None, 19, 19, 32)        0

conv2d_1 (Conv2D)               (None, 15, 15, 64)        51264

max_pooling2d_1 (MaxPooling2    (None, 3, 3, 64)          0

dropout_1 (Dropout)             (None, 3, 3, 64)          0

flatten (Flatten)               (None, 576)               0

dense (Dense)                   (None, 1024)              590848

dropout_2 (Dropout)             (None, 1024)              0

dense_1 (Dense)                 (None, 2)                 2050
=================================================================
Total params: 646,594
Trainable params: 646,594
Non-trainable params: 0

Epoch 1/40
160/160 - 61s - loss: 0.6479 - accuracy: 0.6085 - val_loss: 0.5883 - val_accuracy: 0.6945
Epoch 2/40
160/160 - 81s - loss: 0.5695 - accuracy: 0.7019 - val_loss: 0.5169 - val_accuracy: 0.7623
Epoch 3/40
160/160 - 72s - loss: 0.5099 - accuracy: 0.7502 - val_loss: 0.4779 - val_accuracy: 0.7747
Epoch 4/40
160/160 - 76s - loss: 0.4757 - accuracy: 0.7749 - val_loss: 0.4340 - val_accuracy: 0.8045
Epoch 5/40
160/160 - 78s - loss: 0.4514 - accuracy: 0.7870 - val_loss: 0.4327 - val_accuracy: 0.8083
Epoch 6/40
160/160 - 80s - loss: 0.4255 - accuracy: 0.8028 - val_loss: 0.4156 - val_accuracy: 0.8065
Epoch 7/40
160/160 - 82s - loss: 0.4097 - accuracy: 0.8104 - val_loss: 0.4030 - val_accuracy: 0.8152
Epoch 8/40
160/160 - 84s - loss: 0.3908 - accuracy: 0.8230 - val_loss: 0.3728 - val_accuracy: 0.8353
Epoch 9/40
160/160 - 85s - loss: 0.3711 - accuracy: 0.8310 - val_loss: 0.4134 - val_accuracy: 0.8102
Epoch 10/40
160/160 - 86s - loss: 0.3603 - accuracy: 0.8398 - val_loss: 0.3732 - val_accuracy: 0.8320
Epoch 11/40
160/160 - 86s - loss: 0.3462 - accuracy: 0.8493 - val_loss: 0.3506 - val_accuracy: 0.8478
Epoch 12/40
160/160 - 91s - loss: 0.3320 - accuracy: 0.8535 - val_loss: 0.3471 - val_accuracy: 0.8497
Epoch 13/40
160/160 - 91s - loss: 0.3162 - accuracy: 0.8585 - val_loss: 0.3676 - val_accuracy: 0.8363
Epoch 14/40
160/160 - 94s - loss: 0.3129 - accuracy: 0.8617 - val_loss: 0.3412 - val_accuracy: 0.8512
Epoch 15/40
160/160 - 90s - loss: 0.2963 - accuracy: 0.8738 - val_loss: 0.3427 - val_accuracy: 0.8485
Epoch 16/40
160/160 - 90s - loss: 0.2915 - accuracy: 0.8737 - val_loss: 0.3574 - val_accuracy: 0.8388
Epoch 17/40
160/160 - 89s - loss: 0.2840 - accuracy: 0.8777 - val_loss: 0.4016 - val_accuracy: 0.8177
Epoch 18/40
160/160 - 88s - loss: 0.2712 - accuracy: 0.8848 - val_loss: 0.3264 - val_accuracy: 0.8512
Epoch 19/40
160/160 - 87s - loss: 0.2674 - accuracy: 0.8853 - val_loss: 0.3312 - val_accuracy: 0.8540
Epoch 20/40
160/160 - 93s - loss: 0.2518 - accuracy: 0.8929 - val_loss: 0.3310 - val_accuracy: 0.8543
Epoch 21/40
160/160 - 91s - loss: 0.2549 - accuracy: 0.8917 - val_loss: 0.3333 - val_accuracy: 0.8550
Epoch 22/40
160/160 - 93s - loss: 0.2387 - accuracy: 0.8997 - val_loss: 0.4289 - val_accuracy: 0.8173
Epoch 23/40
160/160 - 86s - loss: 0.2435 - accuracy: 0.8959 - val_loss: 0.3501 - val_accuracy: 0.8537
```

```
Testing:
測試準確率:  84.34%
predict        0       1
label
0            1987     567
1             216    2230
```

　　在模型訓練完畢後，我們可以將訓練好的模型帶入到其他程式中進行使用，使用程式碼範例如下，此程式範例為貓狗辨識的簡易使用者介面，該程式可以選擇一張電腦內的圖片進行貓與狗的影像辨識，程式會顯示模型的判定結果以及貓與狗分別的可能性百分比，執行結果如圖 3-14 所示。

```
#In[1]：import需要套件與之前訓練好的模型(model)並定義測試單張圖片的函式model_test
import numpy as np
import tkinter as tk
from tensorflow.keras.preprocessing.image import load_img, img_to_array
from tkinter import filedialog
from tensorflow import keras
from PIL import Image, ImageTk

model=keras.models.load_model('model')#讀取訓練好的模型

def model_test(img_path):
    images_data =[] #儲存影像數據的串列
    img_array = img_to_array(load_img(img_path, target_size=(100 ,100)))#size要和訓練時的輸入一樣
    images_data.append(img_array)
    oneData = np.array(images_data)#一樣要轉成numpy.ndarray
    oneData /= 255 #要進行與訓練時相同的歸一化

    result = model.predict(oneData)  # result[0][0]為label=0的機率、result[0][1]為label=1的機率
    if result[0][0]>result[0][1]:
        predict_result='圖片應該是狗'
    else:
        predict_result='圖片應該是貓'

    probability='狗的可能性：{:.2f}%  ||  貓的可能性：{:.2f}%'.format(result[0][0] *100 ,result[0][1] *100)
    return predict_result, probability


#In[2]：定義點擊按鈕(button)後執行的函式以及建立介面視窗
def testCallBack(): #點擊button後執行的函式
    test_path = filedialog.askopenfilename()#獲取選取檔案路徑
    predict_result, probability=model_test(test_path)#使用自訂函式進行判斷
    predict_label = tk.Label(root, text=predict_result,font=('新細明體',14))#顯示判定結果
    predict_label.place(x=90, y=20)#判定結果文字位置
    detail_label = tk.Label(root, text=probability,font=('新細明體',12))#顯示可能性
    detail_label.place(x=20, y=50)#可能性文字位置
    img=ImageTk.PhotoImage(Image.open(test_path).resize((300,300)))#將讀取的圖片轉為固定size顯示
    imLabel=tk.Label(root,image=img)#顯示影像
    imLabel.place(x=20, y=80)#影像位置
    root.mainloop()

root = tk.Tk()#生成root視窗
root.title('貓狗辨識')#標題
root.geometry('350x400')#視窗大小
test_button = tk.Button(root, text ="選取圖片", command = testCallBack)#選取圖片的按鈕(button)
test_button.place(x=20, y=20)#button位置
root.mainloop()
```

圖 3-14　選擇電腦內的影像進行貓狗影像辨識模型的測試

圖片來源：作者葛宗融自製

請沿虛線剪下

選擇題

1. 在監督式學習的人工神經網路中，我們訓練模型的目標是最小化哪一個函數的結果？

    (A) 模型函數

    (B) 激勵函數

    (C) 損失函數

    (D) 輸出函數

2. 人工神經網路的架構（ANN）可以分為輸入層、隱藏層、輸出層三個層次，請問哪一層的數量可以由模型設計者進行調整？

    (A) 輸入層

    (B) 隱藏層

    (C) 輸出層

    (D) 以上皆是

3. 在人工神經網路（ANN）的模型訓練過程中，模型實際上更新的是下列哪些參數？

    (A) 權重、激勵函數

    (B) 隱藏層層數、激勵函數

    (C) 隱藏層層數、偏差

    (D) 權重、偏差

問答題

1. 在監督式學習中，我們可以使用訓練資料集的測試結果當作模型效能的指標嗎？為什麼？

2. 在本小節中，我們已經對影像處理的卷積運算有了初步的了解，現在我們來試著動手做做看，請將下式卷積的結果填入空格中：

原圖

9	2	5	8
8	5	3	2
1	2	2	8
7	3	4	2

⊗
卷積

遮罩

2	1	2
1	3	1
2	1	2

➡

卷積結果

Ans：

選擇：1. (C)　2. (B)　3. (D)

問答：（答案僅供參考）

1. 不行。

　　建議要使用沒有加入訓練的資料作為測試資料集。

　　訓練資料集就像我們準備考試時研讀的參考書，如果使用訓練資料來做為測試資料集，即使結果是考滿分，也可能只是在背參考書的答案，而不是真的有學習到。

2.

原圖

9	2	5	8
8	5	3	2
1	2	2	8
7	3	4	2

⊗
卷積

遮罩

2	1	2
1	3	1
2	1	2

➡

卷積結果

64	63
61	47

$64 = 2×9 + 1×2 + 2×5 + 1×8 + 3×5 + 1×3 + 2×1 + 1×2 + 2×2$

$63 = 2×2 + 1×5 + 2×8 + 1×5 + 3×3 + 1×2 + 2×2 + 1×2 + 2×8$

$61 = 2×8 + 1×5 + 2×3 + 1×1 + 3×2 + 1×2 + 2×7 + 1×3 + 2×4$

$47 = 2×5 + 1×3 + 2×2 + 1×2 + 3×2 + 1×8 + 2×3 + 1×4 + 2×2$

大家都來玩 AI－圖片辨識

在這個主題中，我們將教大家如何使用 Microsoft Custom Vision 的服務進行訓練模型以及下載模型，此服務是將訓練模型這件事交給專家，即 Microsoft 微軟來處理，微軟提供了一個便利的介面讓使用者上傳自己的資料，並在線上完成模型的訓練。本門課程接下來的操作都是建立在已經擁有 Microsoft Azure 帳號並開通 Custom Vision 服務的情況下進行。

首先前往 Custom Vision 的網站（https://www.customvision.ai/）並進行登入，登入後會有個操作提示，提醒使用者建立一個新的專案（NEW PROJECT），如圖 3-16 所示，點選後請選擇一個專案名稱，其名稱可以自行設定，接下來可以看到建立專案有許多選項需要選擇（如圖 3-17），以下簡單介紹建立專案的幾個項目：

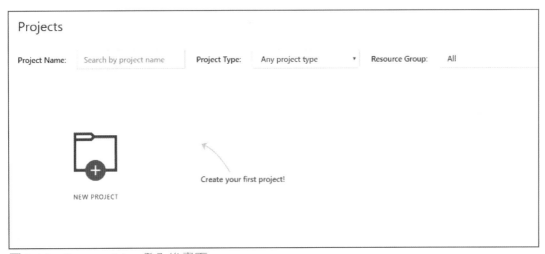

圖 3-16　Custom vision 登入後畫面

圖片來源：余執彰作者自製

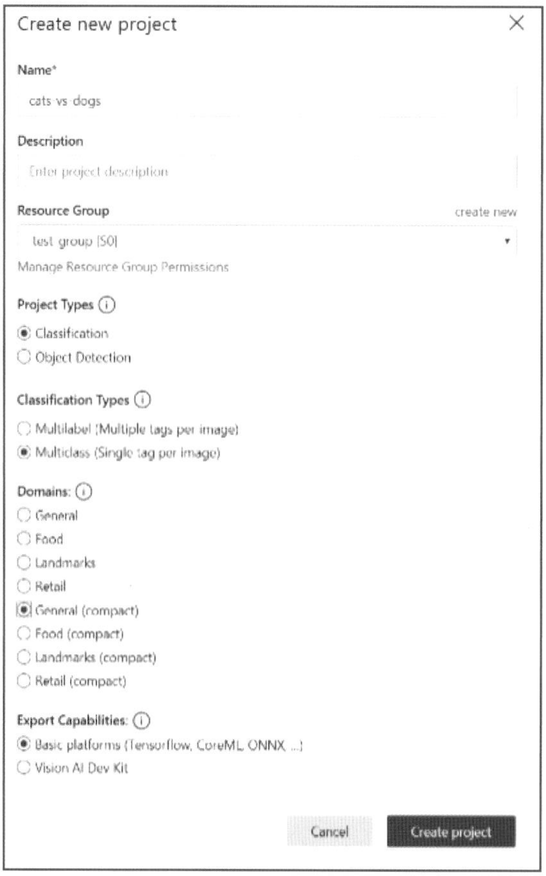

圖 3-17　建立專案選項
圖片來源：余執彰作者自製

1. Resource Group

　　代表提供這個服務的虛擬機器，請根據你的電腦名稱選擇正確的群組名稱[1]。

2. Project Types

　　選擇想要學習的問題，Classification 用於處理分類問題，Object detection 則是偵測圖片中的物體，如果是 detection 必須要標記出想要偵測的物體在圖片上的哪一個位置，而我們這部分教學會使用的是分類問題，所以此處請選擇 Classification。

---

[1]　如果你是自行申請的帳號，微軟有提供一個預設的資源群組供使用，但如果是微軟授權的帳號名單。資源群組的設定則是由獲授權單位自行設定。

3. Classification Types

如果一張圖片中有一個以上的分類就要選擇 Multilabel，只有一種物件則選擇 Multiclass，在這部分教學選擇 Multiclass。

4. Domains

這就好像模型的先備知識一樣，如果選擇符合的 domains，機器學習的效果會比較好，此處我們選擇通用的模型 General（compact），後面帶有 compact 字樣表示採用比較精簡的模型，通常是給運算能力較差的裝置使用，辨識率會稍微差一些，但對於不複雜的問題還是有不錯的辨識度，而且 compact 模型可以匯出成 Tensorflow 的 .pb 檔，可以把模型檔案下載下來後在其他裝置上執行。

5. Export Capabilities

選擇匯出的方式，前面提到我們要使用的是 Tensorflow，所以選擇 Basic platforms（Tensorflow, CoreML, ONNX）

將以上選項依序選擇完以後就可以建立專案。

建立好專案後就可以開始進行上傳資料的階段，此處我們使用 Kaggle 上的經典問題：貓狗大戰（https://www.kaggle.com/c/dogs-vs-cats）的資料集作為練習的範例，這個資料集總共有 50000 張貓和狗的圖片，此處我們使用貓狗各 2000 張圖片進行練習即可。首先添加貓咪的訓練圖片，如圖 3-18 所示，選擇 Training images->Add images，將貓咪的圖片集上傳，添加完圖片後請在下方設定這些照片的標籤（Tag）名稱，因為我們選擇的是貓，所以輸入 cat 即可，確認無誤後點選 Upload 1000 files 進行上傳（如圖 3-19）。

圖 3-20 所示，可以點擊左上角的按鈕繼續增加照片並附上標籤（dog），將貓與狗的圖片都上傳後，點選右上角的綠色按鈕即可開始進行訓練，此處因為我們練習使用的資料集並不複雜，訓練方式直接選擇 Fast training 即可。

訓練完畢後我們在 Performance 分頁可以看到剛剛訓練出來模型的分類結果，如圖 3-21 所示，此處訓練的結果有三個屬性，分別是：

1. Precision

精確率，意思是在所有被模型判斷成該物體的資料中真正正確的物件所占的比例。例如，模型判斷 100 張圖片是貓咪，其中有 90 張真的是貓咪，那 Precision 就是 90%。

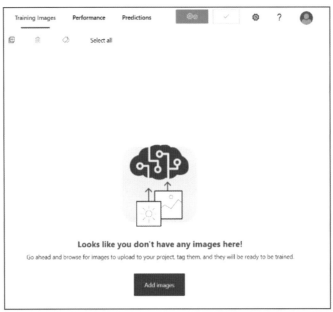

圖 3-18　新增訓練資料集
圖片來源：余執彰作者自製

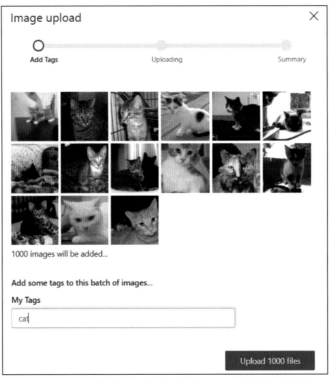

圖 3-19　設定標籤名稱並上傳資料
圖片來源：余執彰作者自製

圖 3-20　新增狗圖片資料集並進行訓練

圖片來源：余執彰作者自製

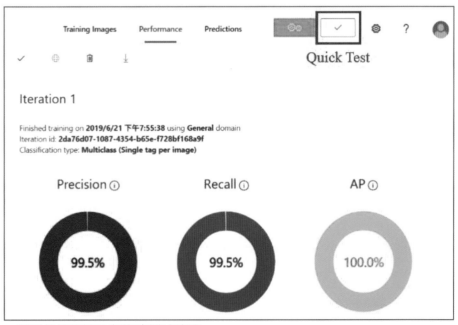

圖 3-21　模型的分類結果與快速測試功能

圖片來源：余執彰作者自製

2. Recall

召回率，意思是在所有該物件的資料中被模型判斷出來的比率。例如，我們資料集如果總共有 100 張狗的圖片，其中有 90 張被模型判斷是狗，那麼 Recall 就是 90%。

3. AP

Average precision 的縮寫，AP 的評估是用在偵測（detection）問題上，我們目前是處理分類問題，因此在這邊此數值沒有意義。

至於 Precision 和 Recall 的計算方式舉例如下：如果我們總共有 100 張狗和 100 張貓的圖片，其中有 120 張被機器判斷為狗，而這些被判斷為狗的照片裡有 90 張真的是狗，那麼對狗這個標籤來說 precision=90/120=75%，recall=90/100=90%。此時可以點選訓練按鈕右邊的勾勾（Quick Test）即時的測試模型的辨認結果（位置如圖 3-22 所示），Quick Test 有兩種使用方式，如圖 3-22 所示，第一種是直接從使用者的電腦選取欲辨識的圖片，第二種則是輸入圖片的 URL 來進行辨識，URL 的獲取方式可以透過對網路上的圖片點擊右鍵，選取複製圖片位置來獲得。

圖 3-22　使用 Quick Test 來測試模型

圖片來源：余執彰作者自製

　　在這個地方，我們可以給予一張網路圖片的網址，或是上傳一些圖片來測試模型訓練的結果。注意這邊上傳的圖片不能是訓練時使用的圖片，因為那些圖片就如同考古題一般，模型本來就應該輸出正確的結果。右下角的 Predictions 會顯示模型認為是貓或是狗的機率，通常我們都是採用比較高的機率值的標籤作為最後的輸出結果。如果對模型的分類結果不滿意，我們可以回到 Training images 分頁再加入更多的照片，或是調整資料集的內容後重新訓練，訓練完畢後就可以回到 Performance 分頁按左上角的勾勾選擇要發布（publish）這個模型，此時請選擇一個發布的名稱，如圖 3-23 所示。

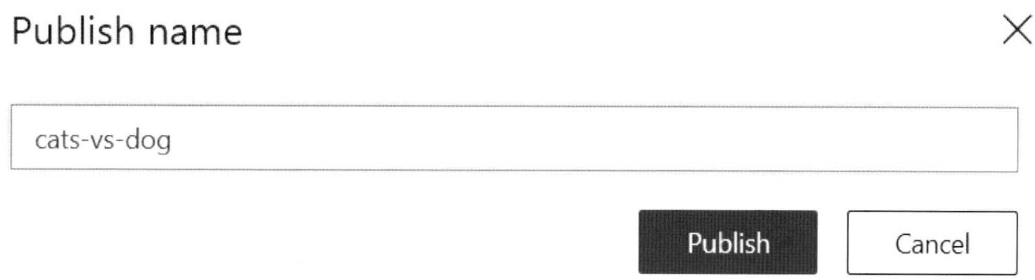

Publish name　　　　　　　　　　　　　　　✕

cats-vs-dog

Publish　　Cancel

圖 3-23　發布模型
圖片來源：余執彰作者自製

　　因為我們之前選擇的是 compact 模型，訓練完之後可以點選左上角的 Export 選項（如圖 3-24），將訓練完的模型下載到自己的電腦去使用，如圖 3-25 所示，此處選擇 Tensorflow 的選項，點選後 Custom Vision 會開始打包訓練完的模型，打包完之後即可進行下載（如圖 3-26）。下載完後的檔案是一個壓縮檔，解壓縮後有兩個檔案，分別是模型的參數檔案 model.pb 以及類別的名稱檔案 labels.txt，可以將此資料帶入到其他程式中使用。

✓ Publish　　　🌐 Prediction URL　　　🗑 Delete　　　↓ Export

圖 3-24　訓練完之後可以點選左上角的 Export 選項
圖片來源：余執彰作者自製

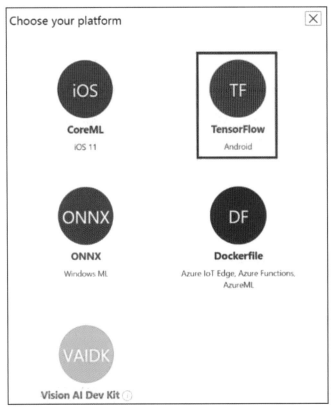

圖 3-25　選擇 TensorFlow 下載訓練完之模型

圖片來源：余執彰作者自製

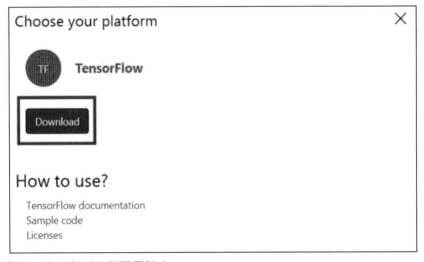

圖 3-26　將打包好之資料下載至電腦中

圖片來源：余執彰作者自製

延伸問題

1. 在沒有提供貓或狗的照片下，電腦的判斷是什麼？這是合理的判斷嗎？你覺得要怎麼處理比較好？

2. 多加一到二種動物（例如雞）然後用 custom vision 訓練模型（請自行收集網路圖片），或是建立一個叫做「其他」的類別（如果是這樣，你要怎麼定義什麼圖片叫做「其他」？）

3. 請試著找一些會讓模型辨認失敗的圖片並探討可能的原因。

問答題

1. 在沒有提供貓或狗的照片下，電腦的判斷是什麼？這是合理的判斷嗎？你覺得要怎麼處理比較好？

2. 多加一到二種動物（例如雞）然後用custom vision訓練模型（請自行收集網路圖片），或是建立一個叫做「其他」的類別（如果是這樣，你要怎麼定義什麼圖片叫做「其他」？）

3. 請試著找一些會讓模型辨認失敗的圖片並探討可能的原因。

大家都來玩 AI—自走車

　　在這一章節我們將介紹 AI 路牌辨識自走車的實際操作方法，此章節會利用到上一章節我們所學到的 Custom Vision 來進行左轉、右轉、停止此三種路牌辨識的 AI 模型訓練，並透過 MobaXterm 此遠端連線程式遠端連線自走車，將 Custom Vision 訓練出的模型應用到自走車中使用，為了達成此步驟需要先進行兩項動作㈠自走車的 IP 查詢以及㈡自走車的連線設定。

一、自走車的 IP 查詢

　　首先將有開關的 USB 線連結樹莓派的電源接口與行動電源 5 V/2.5 A 的接口，另一條 USB 線連結 Arduino 控制板以及行動電源的 5 V/1 A 的接口，接下來再將 HDMI 線連結樹莓派與螢幕，而因為這個位置會卡住鏡頭，連結的時候請先把鏡頭移出原本位置，然後在樹莓派的USB接孔中接上鍵盤與滑鼠（如圖 3-27 所示）。

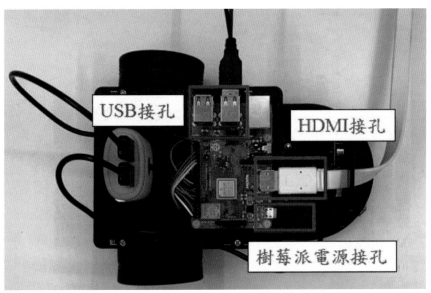

圖 3-27　HDMI、USB、樹莓派電源接孔位置圖
圖片來源：余執彰作者自製

此時打開電源線的開關，能看到如同 Windows 桌面一般的樹莓派畫面（如圖 3-28），可以使用鍵盤滑鼠進行操作，此時請先檢查無線網路是否處於連線狀態，連線到無線網路後請點擊左上方的 Terminal 圖示打開終端機（如圖 3-29 所示），然後在終端機視窗下輸入 ifconfig 這是類 linux 系統中查 IP 的指

圖 3-28　樹莓派的桌面
圖片來源：余執彰作者自製

圖 3-29　無線網路連線與終端機（Terminal）位置
圖片來源：余執彰作者自製

令（如圖 3-30 所示），輸入後會看到許多資訊呈現，如圖 3-31 所示，在顯示資訊最後的 wlan0 就是樹莓派的無線網卡狀態，其隔行的 inet 處顯示的資訊就是 IP，請將 IP 記錄下來。原則上如果樹莓派在重開機的過程中沒有其他裝置取得這個 IP 的話，樹莓派重新開機後還是會使用同樣的這個 IP，成功查詢到 IP 位置後，請移除 HDMI，恢復鏡頭位置，拔除鍵盤滑鼠後關閉樹莓派電源，接下來的步驟將在電腦操作。

圖 3-30　在終端機中輸入 ifconfig 查詢 IP
圖片來源：余執彰作者自製

wlan0: flags=4163<UP,BROADCAST,RUNNING,MULTICAST> mtu 1500
        inet 192.168.0.6 netmask 255.255.255.0 broadcast 192.168.0.255
        inet6 fe80::11e5:a8b8:5374:20f0 prefixlen 64 scopeid 0x20<link>
        ether b8:27:eb:dd:e0:54 txqueuelen 1000 (Ethernet)
        RX packets 433 bytes 15796 (15.4 KiB)
        RX errors 0 dropped 0 overruns 0 frame 0
        TX packets 51 bytes 6874 (6.7 KiB)
        TX errors 0 dropped 0 overruns 0 carrier 0 collisions 0

pi@raspberrypi:~ $

圖 3-31　樹莓派的 IP 位置
圖片來源：余執彰作者自製

二、自走車的連線設定

　　開啟 MobaXterm 程式，點擊左上角的 Session，接著點擊左上角第一個選項 SSH（如圖 3-32、圖 3-33），打開 SSH 介面後，host 的部分請選擇剛剛記錄的樹莓派 IP，右邊 username 請勾選 checkbox 後輸入 pi（如圖 3-34），輸入完畢後按下 OK 進行連線（請記得把自走車開機），此時會需要輸入密碼（如

圖 3-32　　mobaxterm 的操作流程

圖片來源：余執彰作者自製

圖 3-33　　session 的操作流程

圖片來源：余執彰作者自製

圖 3-34　輸入 IP 位置與 username
圖片來源：余執彰作者自製

圖 3-35），密碼請輸入 raspberry（畫面上不會顯示輸入的密碼狀態，此為正常現象），登入成功後可看到左邊為自走車的檔案結構（如圖 3-36）。

　　現在已經成功地將筆電連線到自走車，此時請於右邊的終端機視窗輸入

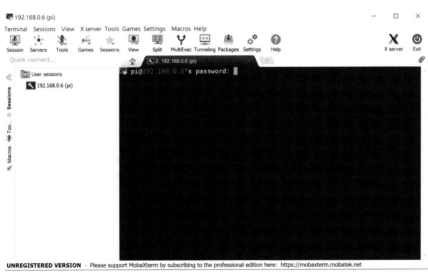

圖 3-35　輸入密碼：raspberry
圖片來源：余執彰作者自製

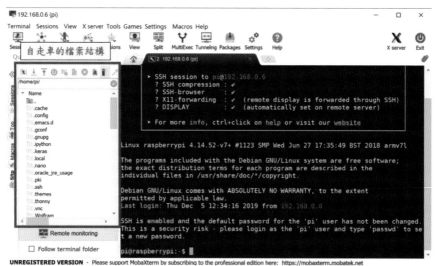

圖 3-36　連結成功之畫面，左側為自走車的檔案結構
圖片來源：余執彰作者自製

cd ms-agv-car/ 切換到 ms-agv-car 目錄，接著輸入 python tf_video.py -- gui（如圖 3-36），大約 10-15 秒後自走車會開啟鏡頭，可以看到畫面上有自走車鏡頭第一人稱視角的影像，旁邊則是模型對現場資料的預測，此時可以把路牌圖案放到鏡頭前面測試辨認結果（如圖 3-37），如果要停止辨認請在 MobaXterm

圖 3-37　切換目錄以及執行自走車鏡頭辨識程式
圖片來源：余執彰作者自製

中按下 ctrl+C 即可中斷程式。

　　如果要把 Custom Vision 下載的模型（.pb 跟 .txt 檔）放到自走車上，只要直接使用拖曳的方式把檔案拖曳到 ms-agv-car 資料夾下即可（如圖 3-38），將模型檔案放到自走車上，並將自走車放置於地圖上後，執行 python tf_car.py，自走車就會開始移動，完整的自走車如圖 3-39、3-40 所示，將有開關的

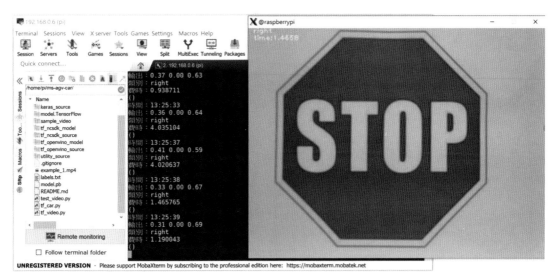

圖 3-38　自走車鏡頭路牌辨識結果
圖片來源：余執彰作者自製

註：因為畫面是透過網路傳輸，會有比較嚴重的延遲，如果不想要有那麼嚴重的延遲，可按照先前接線的方式，使用 HDMI 接上螢幕，用 Terminal 開啟終端機頁面後輸入 cd ms-agv-car/，接著輸入 python tf_video.py -- gui 會有一樣的結果。

圖 3-39　將 Custom Vision 下載的模型複製至自走車中
圖片來源：余執彰作者自製

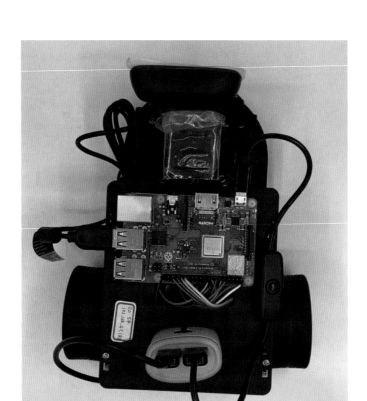

圖 3-40　自走車組裝完成範例圖
圖片來源：余執彰作者自製

USB 線連結樹莓派的電源接口與行動電源 5V/2.5A 的接口，另一條 USB 線連結 Arduino 控制板以及行動電源的 5V/1A 的接口，並將自走車的鏡頭連結至 USB 接孔。

選擇題

1. 請問樹莓派以及Arduino控制面板分別要在接行動電源的哪一種接口？

    (A) 5 V/1 A、5 V/1 A

    (B) 5 V/1 A、5 V/2.5 A

    (C) 5 V/2.5 A、5 V/1 A

    (D) 5 V/2.5 A、5 V/2.5 A

2. 請問進入樹莓派畫面後，查詢IP需要在終端機視窗下輸入什麼指令？

    (A) IPsearch

    (B) ipSearch

    (C) ifconfig

    (D) infofig

3. 呈上題，輸入指令後會看到許多資訊呈現，其中資訊最後的wlan0是樹莓派的無線網卡狀態，請問IP資訊在此區塊的哪一處？

    (A) inet

    (B) inet6

    (C) ether

    (D) RX packets

4. 在本小節的實作練習中，如果要切換到實作資料存放的ms-agv-car目錄，請問要在mobaxterm的終端機視窗中輸入什麼指令？

    (A) go ms-agv-car/

    (B) goto ms-agv-car/

    (C) to ms-agv-car/

    (D) cd ms-agv-car/

5. 在本小節的實作練習中，如果要中斷程式可以在mobaxterm的終端機視窗中按下什麼鍵？

    (A) Ctrl + V

    (B) Ctrl + C

    (C) Alt + V

    (D) Alt + C

6. 如果你要準備一些圖片來訓練你的AI模型辨認圖片裡面有沒有貓，以下的方式何者正確？

(A) 找很多種貓的圖片以及沒有貓的圖片來進行訓練

(B) 只需要提供貓的圖片即可訓練

(C) 至少找一百種不同的東西（包含貓）的圖片來訓練

(D) 找很多像狗的貓的圖片來訓練

問答題

1. 前面3-2跟3-3的練習都只假設畫面中只有一個物體。想一想如果一台自走車同時看到了多個東西（例如左轉的標示與看到一個行人），你覺得該怎麼設計才能讓自走車看起來有「智慧」？

Ans：

選擇：1. (C)　2. (C)　3. (A)　4. (D)　5. (B)　6. (A)

大家都來玩 AI—交談式 AI

一、使用 QnA Maker 和 Azure Bot Service 建置交談式 AI

　　由於網路的發展，我們已習慣利用網路來進行社交的互動，或是取代日常生活的一些例行行為，例如購物。因為網路高速傳輸的特性，多數人都希望與我們互動的企業可以透過現存的一些互動方式來聯繫並期待有立即的回應。此外，我們也希望這些企業跟我們之間的互動最好是單一的而非群體式回答，且能夠依據個人需求回答許多複雜的問題。傳統上我們會利用客服人員來進行一對一的對話，但我們都知道，客服人員並不是一個適合人類的工作，原因有：1. 隨著業務量的拓展，需要面對的客戶會大量增加。2. 客戶數量上升代表了問題的種類也會變多，造成記憶上的困難。3. 許多客戶詢問的問題常常是重複的，久而久之客服人員會感到枯燥與疲倦，降低了工作效率。而且對於一些小型店家（或個人工作室）來說，要聘用一個客服人員是不可能的事情，會造成人力成本的大幅上升。

　　為了降低客服人員的困擾，許多公司都會發佈支援資訊和常見問題（FAQ）的解答在公司的服務區（例如，官方網站或是紙本說明書），提供客戶透過網頁瀏覽器或應用程式存取。但由於問題眾多，客戶很可能無法在第一時間就查詢到他想詢問的問題內容，結果這些人又回到了直接詢問客服人員的管道要求協助，反而沒有達到預期的效果。

　　為了解決上述的問題，我們可以使用機器來取代客服人員回答客戶的問題來降低客服人員的負擔。此時，在機器的設定上，我們就需要交談式 AI（conversational AI）。

二、什麼是交談式 AI？

　　交談式 AI 是用一種利用參與人類交談過程所用的 AI 程式。這些程式可以透過網站介面、電子郵件、社交軟體、電話等需要對話的管道來運作。交談

式 AI 利用模擬人類對話的方式為使用者提供資訊,其中最常見的應用就是聊天機器人(Chat Bot,以下簡稱 Bot)。

Bot 有很多應用的場域,例如:

㈠ 產品或服務的客戶支援。

㈡ 餐廳、航空公司、電影院及其他預約型營運的訂位系統。

㈢ 醫療保健諮詢和自我診斷。

㈣ 住家自動化和個人數位助理。

我們知道,一個對話過程通常會採用輪流互相交換訊息的形式,使用者發問,機器理解使用者的問題後,回答正確的答案。這種模式,通常會以現有的常見問題集(FAQ)為基礎來建構,並逐步擴充成較為高階的使用者語意理解技術。例如圖 3-41:

圖 3-41　交談式 AI 情境圖

圖片來源:qnamaker.ai

也就是說,要設計一個 Bot,我們需要以下的準備:

㈠ 一個知識庫(負責儲存使用者可能會詢問的問題,以及對應的回答)。

㈡ 一個能夠接收使用者的問題,搜尋知識庫尋求答案後回應的程式(或服務)。

在下面的範例中，我們會使用兩種 Azure 上的服務來完成以上兩個需求。這兩個服務分別是 QnA Maker 跟 Bot Service。

QnA Maker

QnA Maker 是微軟的一項認知服務，這個服務可以用來建立及發佈具有內建自然語言處理功能的知識庫，如圖 3-42。我們使用一些已知的資料來建立知識庫，這個服務會以知識庫中的最佳答案自動回答使用者的問題。Azure 也提供了一個專門的網頁介面來完成這個建立知識庫的動作。首先我們要先連到 QnA Maker 的網頁服務介面 https://www.qnamaker.ai/，連到這個網頁後，按右上角的登入。登入的帳號和使用 Custom Vision 服務相同，為 {ITOUCH 帳號 }@o365st.cycu.edu.tw，密碼是你的 iTouch 密碼。

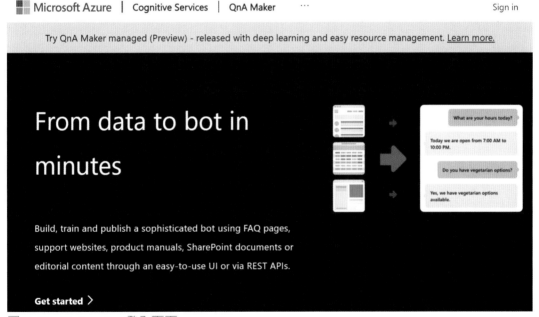

圖 3-42　QnA maker 登入頁面

登入後我們要來建立知識庫，如圖 3-43。請按下畫面上方的 Create a knowledge base 來建立一個新的知識庫。知識庫可視爲是一種問答集，我們只要準備問題與答案，就可以讓機器自動做出回應。而 QnA Maker 的優點在於

圖 3-43　建立知識庫

模型有對問題做簡單的自然語言處理，也就是說，使用者不需要輸入完全跟知識庫設定的問題一樣的文字，模型也可以找到正確的答案，這件事情稍後會做出示範。

建立知識庫（Knowledge Base，簡稱 KB）的過程分成五個步驟：

㈠ 第一個步驟是建立一個 QnA Service

㈡ 把目前新增的這個 KB 設定給這個 QnA Service

㈢ 設定這個 KB 的名字，方便之後查找

㈣ 一次性設定 KB 內容

㈤ 建立 KB

以下針對每個步驟做說明。

㈠建立 QnA Service

這個步驟需要到 Azure 上開啓一台虛擬機器並建立 QnA service，若需要了解細節操作請參考官方網站。

㈡連結 QnA Service 與 KB

這部分需要設定兩個欄位：Azure QnA service 跟 Language，如圖 3-44。Azure QnA service 其實是步驟 1 設定的服務名稱，這個部分若已設定好同學們就可以從下拉選單中看到服務名稱（例如：cycu-01）。Language 的部分是這個 KB 要分析的語系，請選擇 Chinese Traditional（繁中）。

註：這邊設定語系不代表 QnA 的問答只能輸入中文，只是機器在需要分析語意的時候，會用中文語意模型來判斷問題的意思，並尋找最接近的答案。

㈢設定 KB 名稱

這邊請自行設定一個 KB 的名稱。名稱可以隨意命名，但建議具備唯一性

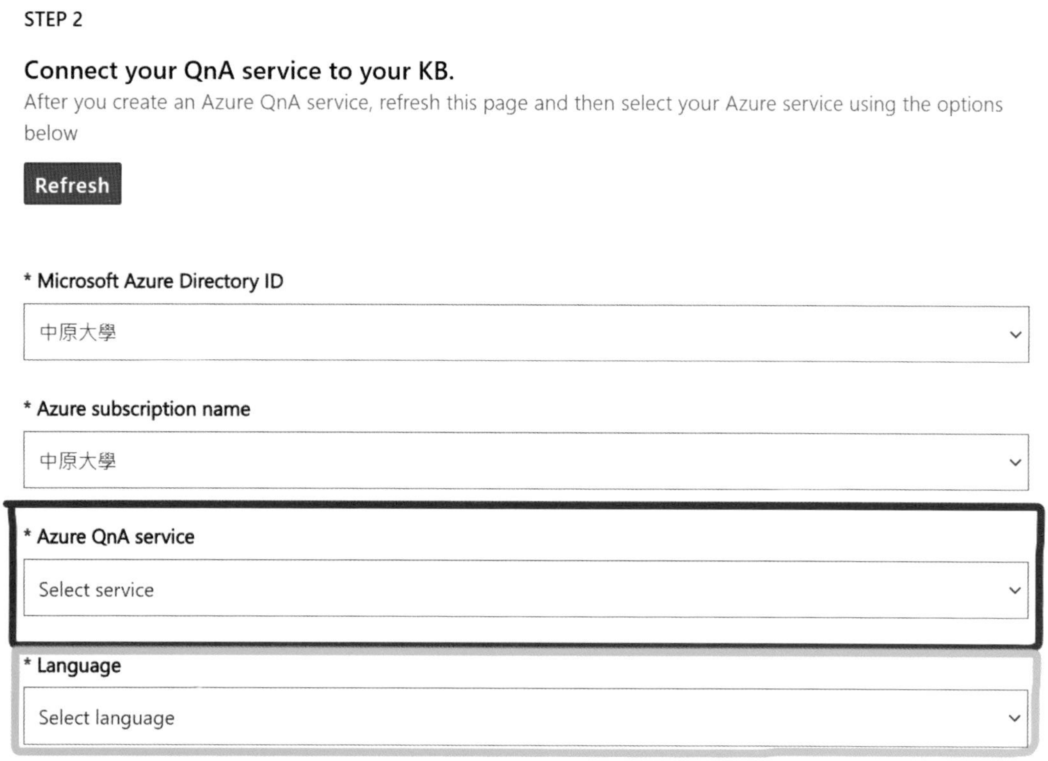

STEP 2

Connect your QnA service to your KB.
After you create an Azure QnA service, refresh this page and then select your Azure service using the options below

Refresh

* Microsoft Azure Directory ID

| 中原大學 | ⌄ |

* Azure subscription name

| 中原大學 | ⌄ |

* Azure QnA service

| Select service | ⌄ |

* Language

| Select language | ⌄ |

圖 3-44　設定 QnA 服務名稱以及分析的語系

（例如學號）以免跟別人的重複。

㈣一次性設定 KB 內容

　　QnA Maker 允許從檔案或是超連結快速設定 KB 的內容，如果你沒有準備該種類型的檔案，可以直接跳過，之後再用手動設定。如果你有準備好一個檔案以及 Azure 規範的格式，就可以用匯入的方式快速設定完畢知識庫的內容。

㈤建立 KB

　　按下「Create your KB」按鈕來建立知識庫，如圖 3-45。建立的時間大約要 1 分鐘左右。

　　點擊後就會看到畫面上出現下方，如圖 3-46 的介面。左邊的就是問題的句子，右邊則是應該要回應的答案。這邊我們用一個簡單的打招呼應答作為示範，如圖 3-47。例如左邊輸入「早安」，右邊的 Answer 填上「你好！我可以

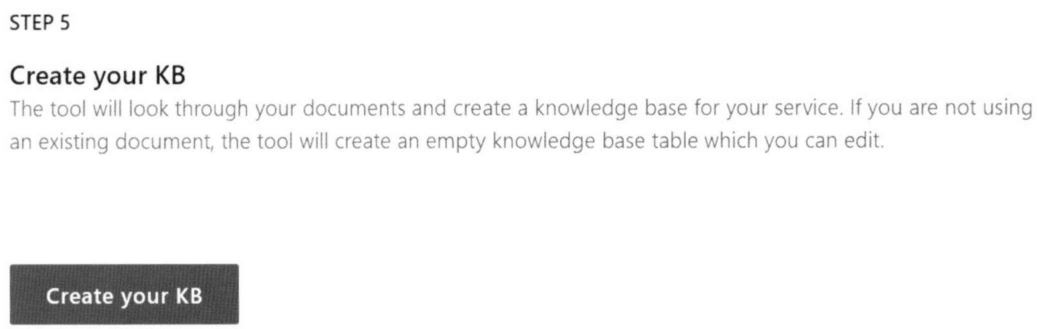

STEP 5

Create your KB

The tool will look through your documents and create a knowledge base for your service. If you are not using an existing document, the tool will create an empty knowledge base table which you can edit.

Create your KB

圖 3-45　最後一步，建立知識庫。

Question　　　　　　　　　　　　　　　　Answer

∧ Source: Editorial

|　　　　　　　　　　　　　　　|　　Enter an answer　　　　　　　　🗑

＋ Add alternative phrasing　　　　　　＋ Add follow-up prompt

圖 3-46　知識庫問與答設定介面。

Context　　　　　Question　　　　　　　　　　Answer

∧ Source: Editorial

早安　　　　　　　早安 ✕　　　　　　　　　你好！我可以幫你什麼忙？　　　　🗑

　　　　　　　　　＋ Add alternative phrasing　　　＋ Add follow-up prompt

圖 3-47　建立第一個問與答配對。

幫你什麼忙？」，如圖 3-48。

　　填完後我們先來測試一下這個機器人。請點擊右上角的 Save and Train，並稍等幾分鐘。這個訓練的時間會根據知識庫的複雜程度而略有時間上的差異。訓練完後點擊右邊的 Test 按鈕，會彈出一個對話視窗，此時就可以輸入我們剛剛設定的「早安」，看機器的回應（可以看出機器有正確的回應出設定的答案）。

　　讀者們如果有正確操作到這一步驟的時候應該會發現，如果我們輸入其他類似的語意，例如：「嗨」，此時機器就會不知道該如何回應，而送出「未找到答案」的訊息。這是因爲同樣的答案可能會有多種不同的問法，因此 QnA Maker 也提供了應付這樣情況的設定，如圖 3-49，只要在剛剛輸入 Question 的地方點擊 Add alternative string 後，就可以增加其他的問題文字，讓機器較容易分析出使用者問的問題，如圖 3-50。重新訓練模型後再進行測試，就會

☐ Published KB ?　　　　　　　↻ **Start over**

早安

Inspect　You

你好！我可以幫你什麼忙？

test-qna **(Test)** at 9:27 PM

Type your message here ...

圖 3-48　線上對話模擬介面

圖 3-49　Alternative question string 設定介面

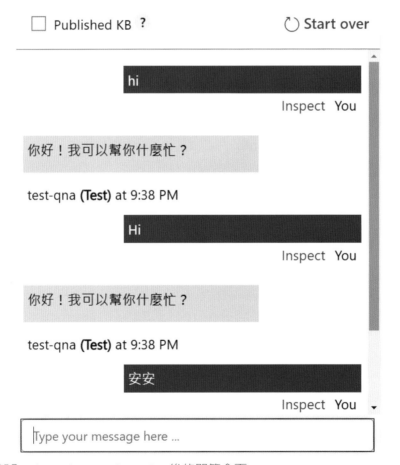

圖 3-50　加入 Alternative question string 後的問答介面

發現機器面對問題文字的分析變得更好了。

引導式問答

　　如果重複測試，各位讀者可能會發現，這個對答式機器人面對問題的判斷似乎不是很準確，這是因為開放式問答是一個很難處理的技術，在自然語言處理的研究中，常常需要耗費大量的資源才能訓練出優秀的模型。但對於一般的使用者來說，有沒有比較簡單的作法讓使用者覺得這個機器人的服務還可以接受呢？答案是有的，就是利用引導式的問答。所謂的引導式問答就是在回答使用者問題的同時，也提供對方幾個選項，讓使用者從這些選項中進行選擇。如此一來就可以把問題集限縮在預先設定好的範圍內，這樣機器就比較容易回答出正確的答案。設定引導式問答的選項很容易，就是在設定 QnA pair 時，在 Answer 的下方有一個 Add follow-up prompt，藉由設定這個部分，可以增加一些選項讓使用者點選，如圖 3-51。點擊後會看到如下的提示視窗：

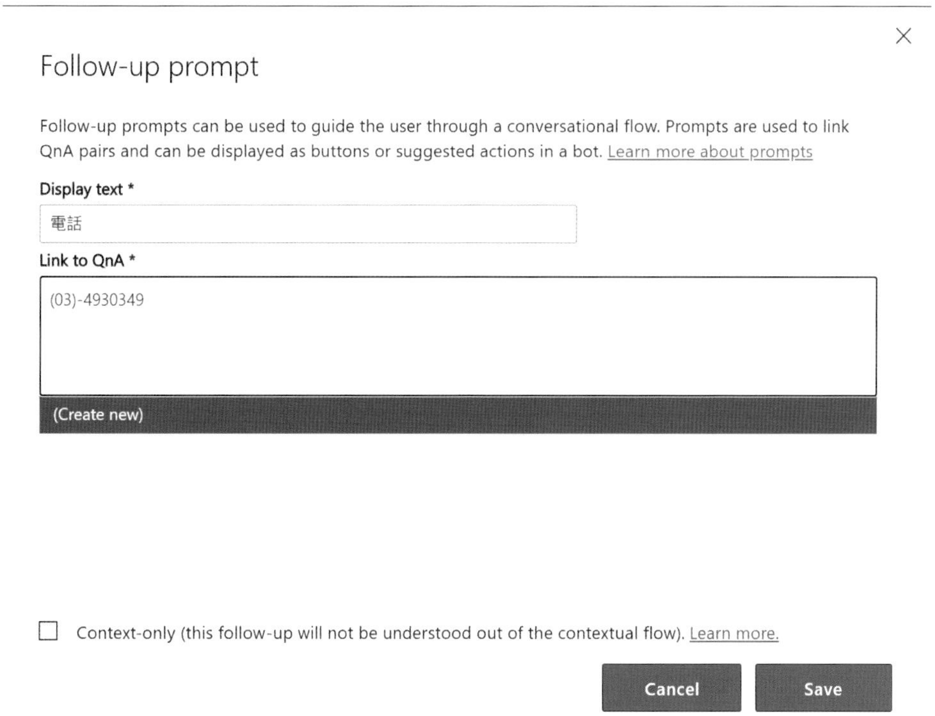

圖 3-51　設定回答後提供的選項介面

Display Text 的部分就是要顯示的選項文字內容，下方的 Link to QnA 就是要回答的答案。由於我們沒有設定其他的問題集，因此這邊就是單純的輸入要新增的問題內容，填完了以後就按下 Save。回到 QnA pair 的設定頁面時，如圖 3-52，各位會發現系統已經幫忙自動新增了一個問題叫做「查詢電話」（就是剛剛輸入的 Link to QnA 所填入的部分），右邊的 Answer 就是剛剛輸入要機器人回答的答案。這邊是用學校的電話做為範例。

圖 3-52　加入引導式選項後的 QnA pair 介面

到這邊我們可以測試一下設定的結果。選擇 Save and train 再次訓練網路，按下 Test 按鈕叫出測試介面來測試新訓練的模型結果。如果設定正確的話會出現圖 3-53。

我們可以看到機器人回應時會順便帶出「查詢電話」選項，使用者如果此時點選該按鈕的話，機器人就會正確的回應。

我們也可以在回應完電話後，再增加一個選項，如圖 3-54，但這個選項是讓使用者返回起始選單（也就是一開始設定的「早安」問題）。一樣按下 Add follow-up prompt 後，在 Link to QnA 的部分可以輸入早安字串，系統會自動搜尋目前已經存在的問題。當發現系統找到了現存的問題後，請點選要設定的問題，就會設定上去。設定完後記得按下 Save。

回到 QnA pair 的設定頁面時，應該會看到類似圖 3-55 的畫面。此時左方的 Source 欄位可以看到對話的流程架構。大家一樣可以訓練這個設定好的模型並進行測試，也可以自行添加新的問答集，或是設定更多的提示問題，讓你的機器人回答得更流暢。

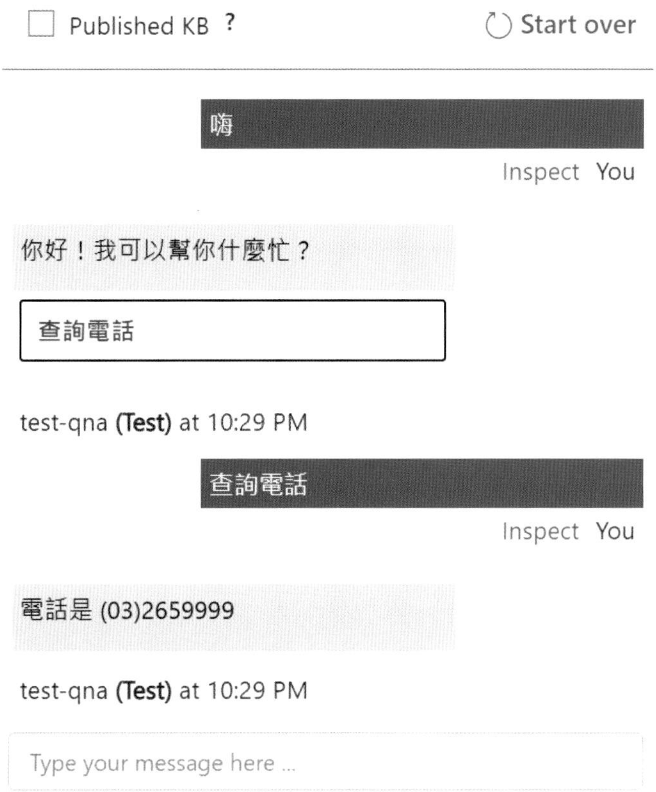

☐ Published KB　**?**　　　　　　◌ Start over

嗨

Inspect　You

你好！我可以幫你什麼忙？

查詢電話

test-qna **(Test)** at 10:29 PM

查詢電話

Inspect　You

電話是 (03)2659999

test-qna **(Test)** at 10:29 PM

Type your message here ...

圖 3-53　加入引導式選項後的問答介面

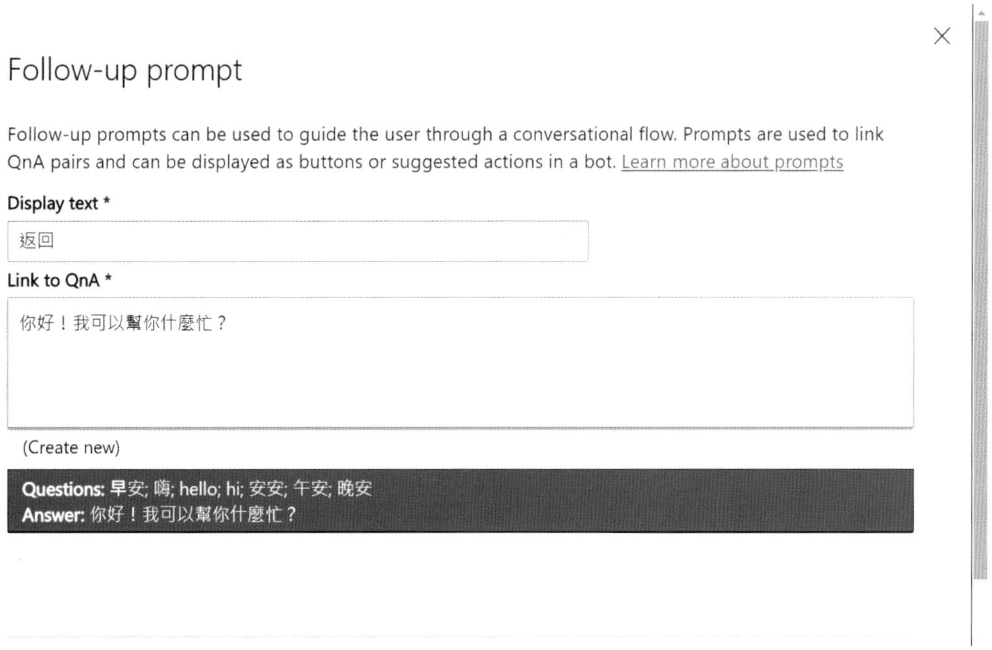

✕

Follow-up prompt

Follow-up prompts can be used to guide the user through a conversational flow. Prompts are used to link QnA pairs and can be displayed as buttons or suggested actions in a bot. Learn more about prompts

Display text *

返回

Link to QnA *

你好！我可以幫你什麼忙？

(Create new)

Questions: 早安; 嗨; hello; hi; 安安; 午安; 晚安
Answer: 你好！我可以幫你什麼忙？

圖 3-54　對另一個問題的答案加入引導式選項的介面

圖 3-55　多個 QnA pair 加入引導式選項的介面

串接社群平台

　　如果只是在 QnA maker 上設計模型而不能使用的話，那就太無聊了。在這邊跟各位介紹怎麼跟社群平台的聊天介面串接起來。要能跟社群平台串接，我們必須發布我們的模型。請按下上方的 publish 切換到發布頁面，在這個頁面按下 publish 按鈕。各位應該會看到圖 3-56：

圖 3-56　發布 Bot 的頁面

這時請按下 Create bot 按鈕。此時會開出一個新的頁面，有一些系統的設定。其中 bot-handle 是串接機器人服務的名稱，只要不重複就可以。設定 resource group 的部分請根據你建立的資源群組進行設定。設定完後按下最下方的 create 等待機器啟動，如圖 3-57。

Home >

Web App Bot
Bot Service

Bot handle *　ⓘ

`ccyu-qna-test-bot`

Subscription *

`中原大學`

Resource group *

`課程測試群組`

Create new

Location *　ⓘ

`East Asia`

Pricing tier (View full pricing details)

`F0 (10K Premium Messages)`

App name *　ⓘ

`ccyu-qna-test-bot-ade4`

.azurewebsites.net

SDK language *

◉ C#　　○ Node.js

QnA Auth Key *　ⓘ

`ec28935d-0820-4687-abff-1244784c1216`

圖 3-57　發布 Bot 的頁面

等機器部署完後，畫面右上方會彈出類似圖 3-58 的提示，點開後可直接選擇 Go to resource 前往設定串接服務。

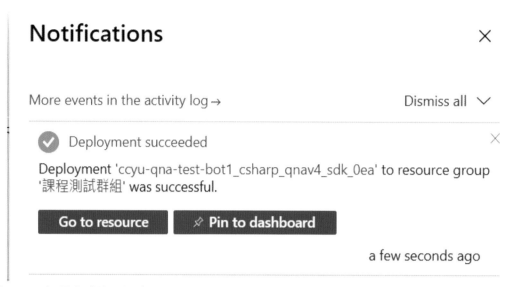

圖 3-58　部署完成的通知畫面

　　這一個頁面看起來有點複雜，但不用擔心，請選左方工具欄的 Channels，點選 channels 後，就會看到右邊顯示可以串接的社群平台列表，如圖 3-59、3-60。這邊我們用大家常用的 Line app 做示範。

　　點選了 line 的圖示後會出現圖 3-61 的畫面。這時候我們要暫停在這個畫面，因為要跟 line 串接，除了設定 Azure 上的機器人以外，也需要在 line 上設定。因此我們要教各位怎麼設定 Line 的機器人。

　　各位要先連到 Line 的開發者業面（https://developers.line.biz/zh-hant/）並登入。這邊你可以使用你的 Line 帳號登入。登入後會看到圖 3-62 的畫面，請點擊下方的 create new provider。如圖 3-63，幫你的這個機器人服務取個名字吧！

　　設定完服務名稱後請選 create a messaging API channel（圖 3-64）。接下來會進入 messaging API 的設定頁面。有幾個選項必須要設定，說明如下：

1. Channel name：聊天室的名字。

2. Channel Description：這個聊天室的說明（可隨意輸入）。

3. Category & Subcategory：聊天室的類型，之後可根據實際需求設定。

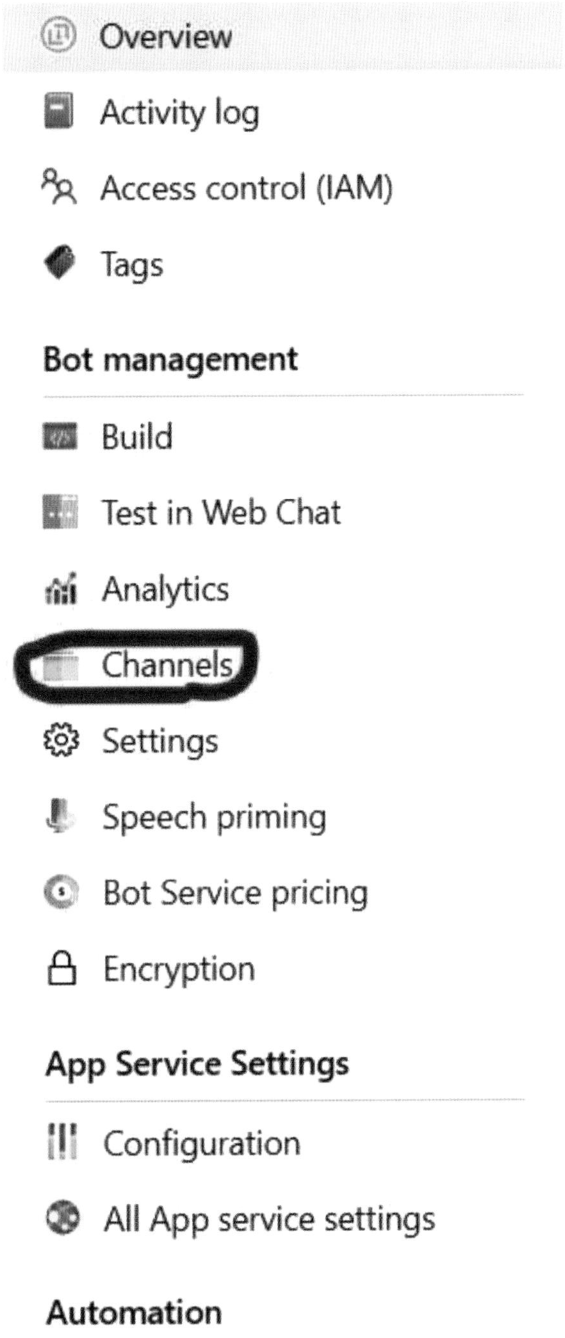

圖 3-59　設定 QnA service 的串接通道

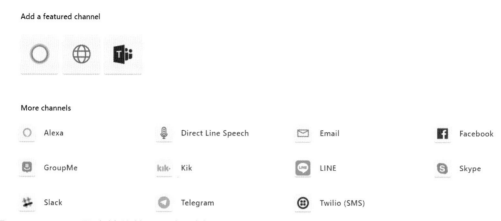

圖 3-60　Azure 可串接的傳訊平台列表

Configure LINE

Enter your LINE credentials
Step-by-step instructions to add the bot to LINE.

Channel Secret　*

> Your channel secret

Channel Access Token　*

> Your channel access token

Settings to use in LINE configuration
What do I do with my Callback URL and Verify Token?

Webhook URL (copy and paste in LINE) *

https://　line.botframework.com/api/Fvc6U3D2HjC

圖 3-61　Azure 串接 Line 的設定頁面

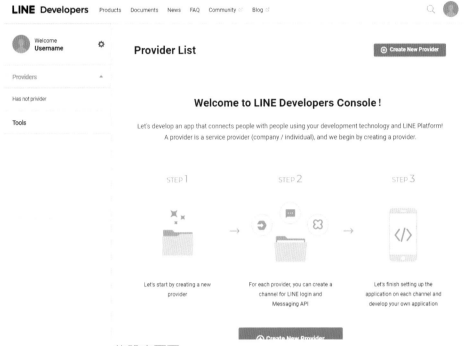

圖 3-62 Linedevelopers 的設定頁面

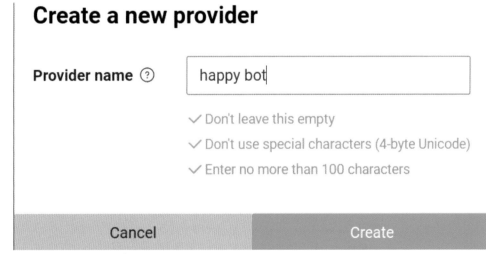

圖 3-63 設定聊天機器人服務名稱

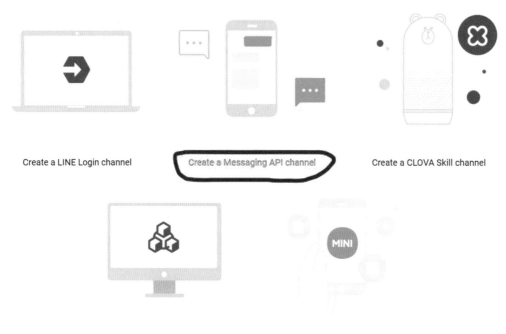

To create one, choose a channel type below

Create a LINE Login channel　　Create a Messaging API channel　　Create a CLOVA Skill channel

Create a Blockchain Service channel　　Create a LINE MINI App channel

圖 3-64　建立 messaging API

　　最後勾選使用者同意條款後就可以按下 create。

　　設定完後在 basic setting 這個分頁下，捲到下方會看到 Channel secret 這一項。請把它複製下來貼回 Azure 頁面的 channel secret 欄位內，如圖 3-65、3-66。

　　接著切換到 Messaging API 分頁，最下方有一個 Channel access token。如果沒有看到內容的話請按下 issue 由系統核發一個新的 token，同樣把這個 token 複製後貼回 Azure 的設定頁面中的 Channel Access Token 欄位。Channel secret 跟 access token 都貼上後，記得要按下 Save 鈕，如圖 3-67。

　　回到 Line developer 的頁面，在同一頁的上方有一個 Webhook 的設定。請選 edit，如圖 3-68。

　　Webhook 就是 Line 跟 Bot service 的溝通橋樑。Line 會把使用者的訊息透過 webhook 傳給 Bot service，Bot service 就可以分析此訊息並利用 QnA service

Terms of use URL

optional

Edit

App types　　　　　Bot

Permissions ⑦　　　PROFILE

Channel secret ⑦　　88537e7ee32e5a493a06d9fae62bb707 📋

Assertion Signing　Issue
Key ⑦

Your user ID ⑦　　　U80aa533069b7d3bfdac3614cd25ddb89

Delete this channel

圖 3-65　頻道密鑰

Configure LINE

Enter your LINE credentials
Step-by-step instructions to add the bot to LINE.

Channel Secret * ⓘ

••••••••••••••••••••••••••

Channel Access Token * ⓘ

Your channel access token

Settings to use in LINE configuration
What do I do with my Callback URL and Verify Token?

Webhook URL (copy and paste in LINE) * ⓘ

https://   line.botframework.com/api/Fvc6U3D2HjC

圖 3-66   在 Azure 頁面輸入頻道密鑰

TOP ＞ happy bot ＞ my happy bot ＞ **Messaging API**

Edit

LINE Official Account features

Edit the message text and other settings for these features in the LINE Official Account Manager

Allow bot to join group chats ⓘ	Disabled	Edit ↗
Auto-reply messages ⓘ	Enabled	Edit ↗
Greeting messages ⓘ	Enabled	Edit ↗

Channel access token

Channel access token (long-lived) ⓘ

1XCF+/acwwwAd8YLnQlYoTmCjkrm6c/BhuYkJZlr8kLnPlA/Df9Vle3rUATf1z1LpbliaZyA7Zpppol0oXvquJ3+7kgc4kLUbsVzl0x4mP4vr4SnmfX mfOMZE/bXdAfld2OzUbCS822Ha/bpedGLlqdB04t89/1Q/w1cDnviIFU=

Reissue

圖 3-67   頻道權杖

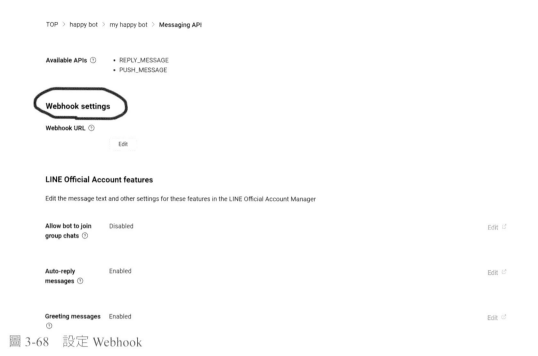

圖 3-68　設定 Webhook

確認要回覆的訊息後再透過 webhook 回傳給 Line。請把你在 Azure 頁面最下方的 Webhook URL 貼到這邊（注意：這邊填入的 webhook url 必須包含 https:// 作為開頭）。填完後要記得按下 update，同時要把下面 Use Webhook 的選項打開，如圖 3-69、3-70。

　　此時你可以按 Verify 按鈕。如果 Line 可以成功的連結到 Azure 的 Bot，這邊會跳出 Success。如果不是 Success 的話，請確認 Channel Secret 跟 Channel Access Token 以及 webhook url 是否正確。接著務必要把 Auto-replay message

圖 3-69　設定 Webhook

設爲 disabled（預設是開啓）。要關閉的話請點選右方的 edit 鈕，會跳至另一頁面停用自動回應訊息，如圖 3-71。

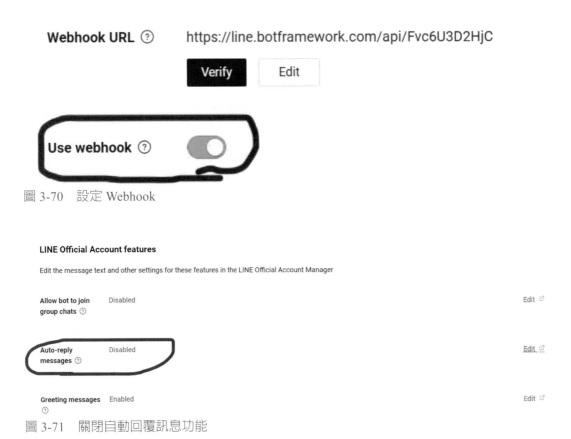

圖 3-70　設定 Webhook

圖 3-71　關閉自動回覆訊息功能

　　這樣才算是設定完成了 Line 與 Azure bot 的串接。

Add your bot to your LINE mobile app

　　接著使用 line 的行動條碼功能，掃描在 Message API 中的 QR code（如圖 3-72），你就可以跟你設定的機器人聊天啦！

　　結果如圖 3-73，大家可以自己玩玩看。本章節我們介紹了聊天機器人的開發與設計，希望讀者們能有所了解。

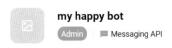

my happy bot

`Admin`　|　🔲 Messaging API

Basic settings　**Messaging API**　LIFF　Security　Statistics　Roles

Messaging API settings

Bot information

Bot basic ID　　@275iixzb　🗐

QR code

Scan this QR code with LINE to add your LINE Official Account as a friend. You can share the code with others.

圖 3-72　聊天機器人的 QR code

註 1：不同社群平台有不同的串接方式，其餘平台的串接設定過程可參考微軟 Azure bot 官方文件（https://docs.microsoft.com/zh-tw/azure/bot-service/bot-service-manage-channels?view=azure-bot-service-4.0）

註 2：Azure 的 bot service 實際上是開出了一台虛擬機器（Virtual machine）來提供聊天機器人的串接服務，就算沒有使用，微軟還是會酌收機器的運作費，因此建議不使用的時候應該要將 bot service 的機器關機或是刪除。

圖 3-73　聊天機器人互動畫面

第四章

AI 素養陶鑄

科技始終來自於人性

一、素養是什麼

　　要了解 AI 素養為何重要，首先，要先了解「素養」是什麼？我們試著從字面上的意義去了解，「素」這個字有平日的、事物的基本性質的意思；「養」有陶冶、薰陶；增加、助長意思，「素養」二字被解釋為平日的修養，而「修養」有修治涵養使學問道德臻於精美完善的意思（引用自教育部重編國語辭典修訂本 http://dict.revised.moe.edu.tw/cbdic/）。統整以上，「素養」就是平日教化培育使學問道德臻於精美完善。而素養的英文為 Literacy，聯合國教育、科學及文化組織（UNESCO）解釋為讀寫與口語溝通的能力（to read, write and oral skill）。因為讀寫溝通是人類知識來源很重要的能力，所以廣義的定義便包含了一個人受教的狀況以及一般的技能。隨著時代演進，literacy已經有社會溝通和生活解決應用能力的觀念，相較於過去單純的知識更加重要（劉湘瑤、張俊彥，2018）。因此，「素養（Literacy）」不論是在中文還是英文，都與平日生活的溝通、培育知識與技能有關。

　　素養即是指一個個體所具備與他人有效溝通之能力（吳美美，1996），更進一步來說，素養是適應生活與他人有效溝通，並與人互動的能力（張一蕃，1997）。科技不斷進步的今日，與外界更有效的溝通互動已不是僅依靠理解文字，而是要具備更多的知識整合。《科學素養的標竿》提及到的「心智習性」和「知識」，是科學素養所需要具備的科學涵養（AAAS, 1993）；而「心智習性」的內涵是：人類的行為會因過去心智的經驗累積而調整，以養成良好的習性，使行為更加成熟（蕭佩姍、蔡佩樺，2016），例如：堅持、控制衝動、以同理心去溝通、靈活思考、後設認知、質疑和提出問題、應用舊知識於新情況、相互依賴的思考、繼續廣泛的學習等（Costa & Kallick, 2000）。從《科學素養的標竿》的角度來看科學素養，擁有科學素養必須擁有科學知識和心智習性，若只有科學知識沒有心智習性，便說不上擁有科學素養。由此可見，心

智習性所提到的堅持、控制衝動、以同理心去溝通、靈活思考、後設認知、質疑和提出問題、應用舊知識於新情況、相互依賴的思考、繼續廣泛的學習等，便是素養的內涵。

經濟合作發展組織（Organization for Economic Co-operation and Development, OECD）建議國民核心素養包含了：一、能善用溝通互動工具：明確知道如何運用資源幫助自己與他人有效溝通；二、能夠與不同領域的人合作：在團隊中能和善的與人合作並尊重彼此；三、能夠自我規劃學習，培養自己的能力，並適應未來的環境（OECD, 2005）。

綜合以上論述，擁有單純的知識內涵，不足以稱爲擁有素養，若將其進一步昇華至下一代的素養教育，則教育者更須重視學生能在學習歷程中，將知識內化並自主學習，結合動手實作、觀察實驗和批判論述的能力。除此之外，尚須增加自己與他人溝通與同理的能力。這些能力可以應用在日常生活中，與不同領域的人團隊合作，始能因應時代，成爲一個與時俱進，具有素養的人。

二、什麼是 AI 素養

人工智慧素養並非僅止於熟稔機器學習或深度學習的技術，而是在日常中能意識到有大量的數據未被人工智慧運用，亦或，發現需費時、費人力、金錢且重複性高的事務時，會思考是否可以倚賴人工智慧（Konishi, 2016）。因此，我們認爲擁有人工智慧素養的人，除了擁有人工智慧相關的認知外，尚需涵養對人工智慧的應用能有所覺知，以及我們在素養所談的與跨領域團隊合作的能力。

當我們把素養的觀念融入面臨人工智慧時代的學習，並將上述討論的學習重點延伸至學習者與數位科技互動與應用的層面時，人工智慧素養的內涵將呈現出更完整的樣貌，如：願意在人工智慧的多方面應用上知識的促進、具有與跨領域人士合作設計人工智慧應用所需的溝通表達能力、有同理心、有耐心等。如此，此素養所存在個體中之於人工智慧所衍生在明日世界的優勢，則可以想見。也就是說，在現行或未來各樣多元的生活情境之中，一個具有人工智慧素養的個體，除了對於人工智慧有基本的認識與概念之外，對於人工智慧的運用能理解其需橫跨不同領域的協助，基於對不同領域概念的理解，乃至於在科技與人文跨領域合作時，亦可清楚表達需求及理念，便是在未來或快速發展

之現今世界體現其應備之人工智慧素養。

三、探索人工智慧素養對教育現場的意義

　　為因應人工智慧世代的來臨，教育部於 2019 年 9 月宣布「人工智慧與新興科技教育總體實施策略」，設立「因材網」供教師做數位化教學的準備，另展示多套人工智慧教材，這些課程預計與新課綱同步上路。為了落實這項策略，將「人工智慧」與「機器學習」等課程列為師資培育職前教育課程必選課，要求老師、未來老師及學生皆需學會「人工智慧」與「機器學習」的教材內容。然而，此一現行政策的推動是否能有成效？亦或，在此推動人工智慧教育的階段能有學習成效評估的工具？再者，此一教育政策是否具有課程設計策略的依據？在全民正往「人工智慧」與「機器學習」的方向躍進的同時，在教育這一端的我們，是否也考慮到了學生的興趣及多元能力？本章所探討的核心目標，即在藉由開發一份人工智慧素養量表。期望在各個面向的探討之中，找出提供推廣人工智慧教育課程設計的建議。

問答題

1. 素養是什麼？如何讓自己成為有素養的人？

2. 你認為擁有AI素養的人應具備哪些能力？

3. 反觀自己，若要成為擁有AI素養的人，你還缺少那些條件？

▌AI 問卷設計

一、問卷的研發

　　研發問卷的目的，即在尋找出實際的一個個體在某件事物或議題上，將受到哪些不同面向的影響。而在面臨人工智慧時代的衝擊，研究者欲尋找面臨判斷多種應用人工智慧概念或實際場境時，個體將受到哪些不同層面的影響，進而將此歸納出的層面，建議為人工智慧教育現場的課程設計依據。而在研究者實際參與多樣基礎人工智慧課程或工作坊，發現課程多以人工智慧知識或機器學習為主。然而，對於一般民眾而言，人工智慧的素養應在能理解、溝通、運用，乃至於判斷 AI 相關之倫理道德議題衍生之狀況。因此，應將 AI 素養之積極目的聚焦在個體能運用 AI 解決生活上之問題、或讓生活更便利等層面上。

　　是故，以素養的角度出發來思考人工智慧，我們即假設編寫程式的能力並非必要元素。此外，能與不同領域的人互相溝通合作，於溝通的過程中，能清楚表達自己所需要的框架，提供資料讓程式編寫專業的人理解運用，並能夠接受他人意見、互相幫助、有耐心的傾聽、同理他人。除此之外，需有主動積極增加自己人工智慧相關知識的企圖，並思考人工智慧能夠如何應用在日常生活的相關態度。

　　收集相關文獻後，我們對人工智慧素養問卷擬定幾個初步的面向—人工智慧認知（AI-perception）、跨領域合作的態度（interdisciplinary collaboration attitude）、人工智慧的覺知（AI-awareness）、倫理（AI-ethics），而倫理的部分僅觀察學生對於人工智慧倫理的看法，所以不納入問卷之分析。針對這四個面向擬定了相關的題目，經過專家委員會的評估後，對北部某大學進行了線上及紙本的施測，整理回收有效問卷共六百九十份。

　　將人工智慧認知（AI-perception）、跨領域合作的態度（interdisciplinary collaboration attitude）及人工智慧的覺知（AI-awareness）三個面向進行探索

性因素分析[1]（exploratory factor analysis, EFA）。分析結果轉化成為另外的四個面向，並將其重新命名為人工智慧認知（AIP：AI-perception）、跨域合作效能（SIC：self-efficacy of interdisciplinary collaboration）、團隊效能認知（PIC：perception of interdisciplinary collaboration）、及 AI 的覺知（AIA：AI-awareness）。在下一個部分，我們將探討問卷分析的結果。

二、問卷分析結果

㈠ 以學院比較

在人工智慧認知（AIP）（如圖 4-1）面向的範例題目是：我認為「人工智慧是透過深度學習產生新知識」；我認為「擁有程式設計背景就可以自己建立各種智慧軟體」；我認為「設計 AI 一定要學會程式語言」等。商學院的學生在 AI 知識層面上的觀念，似乎比其他學院認識得較多，甚至比工學院或電

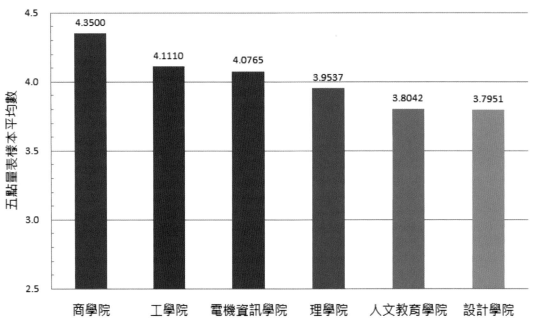

圖 4-1　人工智慧認知
圖片來源：林俊閎作者自繪

---

[1]　探索性因數分析：是一種運用統計的過程，找出多種不同構念影響著某一議題，並將這些構念降低為度的方法。也就是說，探索性因素分析可協助將多樣變數收斂為少數核心因子的資料分析方法。

資學院都來得好。我們推測商學院的課程或許涵蓋了更多跨足未來想像相關的跨領域課程，例如管理學，以至於他們或許在 AI 相關的跨領域理解更甚其他學院的學生。即便如此，此結果並不代表商學院的學生具有較高的 AI 素養，或較能理解 AI 目前需要跨領域應用的能力，但卻提醒我們需要在其他學院的教學範疇中，融入更多商學院已然融入的跨領域概念與觀點。

　　人工智慧的覺知（AIA）（如圖 4-2）面向，其範例的題目，例如：我會願意主動學習 AI 相關軟體或課程；我覺得 AI 能幫助我有效率的學習；我會嘗試思考如何藉由 AI 來解決生活上的問題等。由圖 4-2 可得知，電機資訊學院的學生對於 AI 的接受度及批判思考能力相較於其他學院還來的高，而人文教育學院的則為最低。人工智慧覺知，意指能理解或享受 AI 或能為己身之生活帶來之便利，或未來願於相關知識繼續推進的意圖。若電資學院及工學院的學生，因可能較常接觸程式編寫或自動化流程，或自動化控制工程所能為他們帶來的便利，而在此一面向上獲得較高的分數，似是相當合理。然而，人文教育學院則顯現了對此一方面相當不熟悉的反應。此可讓教育者深入思考，是否

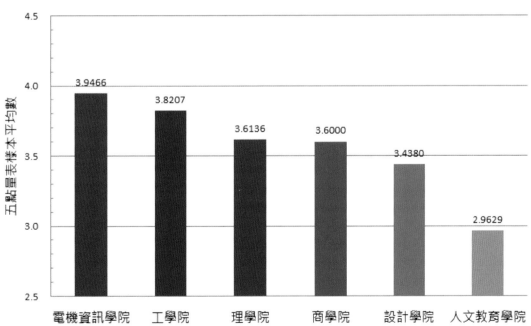

圖 4-2　人工智慧的覺知
圖片來源：林俊閎作者自繪

在人文與教育領域的學生，能適度的引入人工智慧應用層面相關的入門課程元素，整合在通識課程或相關之資訊導論課程中，則應可改善此一現象。此外，由於此非能足夠去解釋電機資訊學院的 AI 素養必定高於其他學院，或在跨領域合作時，能清楚地自我理解思考或與團隊合作溝通之能力，因此也尚不足做過度的推論。

在團隊效能認知（PIC）的範例題目，如：無論我是否具備 AI 的專業能力，與設計團隊合作時，我能夠協助團隊建立共同目標是重要的；我認為建立共同語言是重要的；我認為所有成員的想法都應該被審慎評估分析等。由圖 4-3 顯示，可知工學院的學生較其它學院學生有較多同理心，互相學習並交換意見。或許在理工科的訓練養成中，在完成許多的生產線上或是科技與資訊成品，皆需要有大量的團隊合作經驗，而這個趨勢越是到了人文社會科學領域，或許越是不明顯，而反映在團隊效能的認知上。此結果或可讓人文社會領域之教學現場之教師，思考融入更多團隊合作導向之實作課程，尤以在可能設計跨學院才可完成之跨領域專題實作演練之題目，例如，跨足 AI 相關之人文與理工對話之題目即是。

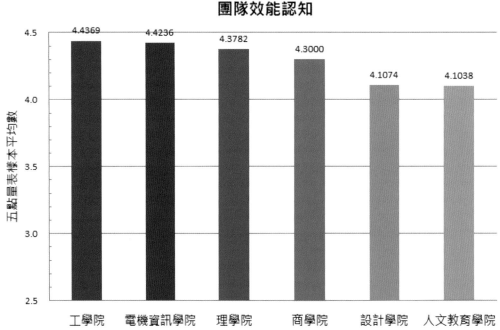

圖 4-3　團隊效能認知
圖片來源：林俊閎作者自繪

在跨域合作效能（SIC）面向之範例題目爲：無論我是否具備 AI 的專業能力，與設計團隊合作時，我認爲我擁有基礎的 AI 知識；我能清楚地知道問題的方向；我能清楚知道資料內容的意義等。由圖 4-4 顯示，商學院學生的自我審思及合作能力都高於其它學院的學生。商學院學生此面向較好的表現也呼應在他們 AIP 面向（人工智慧認知）上的高分，而我們可推論此大學在商學院課程的安排設計較有對未來趨勢跨域的元素與概念。相形之下，人文與教育學院的學生就有相對較低的跨域合作上的自我效能。這或許可推論自商學院的學生在多數時候的訓練，能夠注重在表達自己的概念，在溝通時清楚捉緊問題脈絡進行分析等相關的訓練。

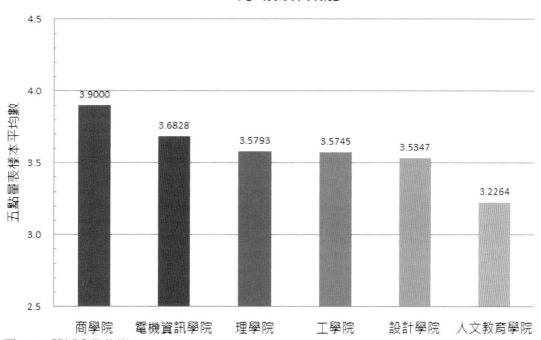

圖 4-4　跨域合作效能
圖片來源：林俊閎作者自繪

綜合四面向之人工智慧素養，我們可在圖 4-5 發現，編寫程式專長之電機資訊學院或工學院的學生，不一定有先天之優勢。此優勢反而在著重訓練其常須綜觀商場局勢，採取主動出擊的商學院學生的身上反應出其較爲健全之人工智慧素養。而商學院之課程安排與設計，似乎也可以讓其他學院的教師參考與討論。

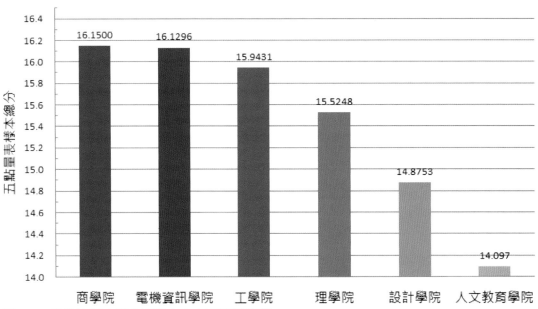

圖 4-5　跨院比較之綜合四面向之人工智慧素養
圖片來源：林俊閎作者自繪

(二) 以性別比較

　　我們所回收的人工智慧素養問卷中，性別在跨域合作效能部分（圖 4-6），是沒有差異的，但在人工智慧認知（圖 4-7）、人工智慧的覺知（圖 4-8）及團隊效能認知（圖 4-9）中，以及在綜合 AI 素養（圖 4-10）中，則因性別而有顯著差異，男生顯著高於女生。我們推論，在 AI 或相關的資訊或工程的訓練當中，或許女性較能感興趣的議題應適量被融入，如設計工程、音樂工程、服裝工程，或美學人工智慧相關之發想等。建議未來在設計課程時，可以思考女性感興趣的議題，提高女性學生的學習動機。

(三) 以擁有 3C 年齡比較

　　不論在哪一個年齡層開始擁有 3C 產品，對於「人工智慧認知」、「跨域合作效能」、「團隊效能認知」及「人工智慧的覺知」等面向都沒有明顯的差別。顯示出，只要能培養學生 AI 素養及正確使用數位科技，必能讓學生應變數位科技的變化環境。圖 4-11 為擁有 3C 年齡在四面向綜合的人工智慧素養。

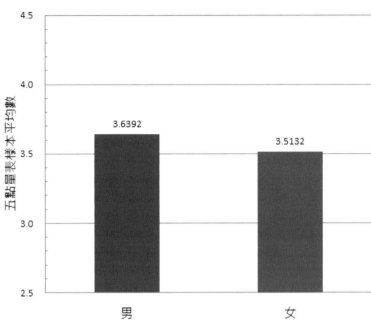

圖 4-6　跨領域合作效能
圖片來源：林俊閣作者自繪

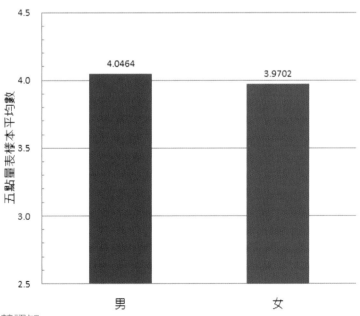

圖 4-7　人工智慧認知
圖片來源：林俊閣作者自繪

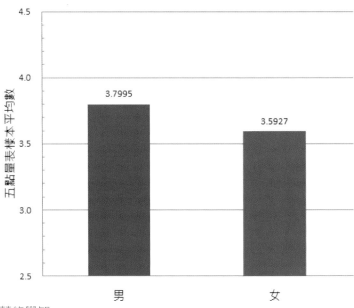

圖 4-8　人工智慧的覺知

圖片來源：林俊閎作者自繪

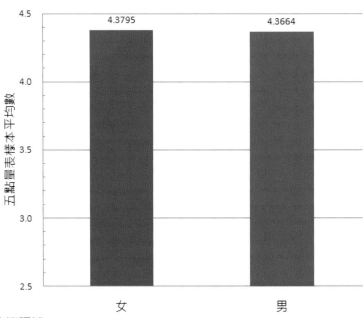

圖 4-9　團隊效能認知

圖片來源：林俊閎作者自繪

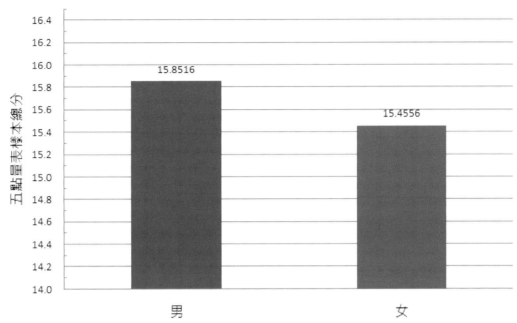

圖 4-10　跨性別比較

圖片來源：林俊閎作者自繪

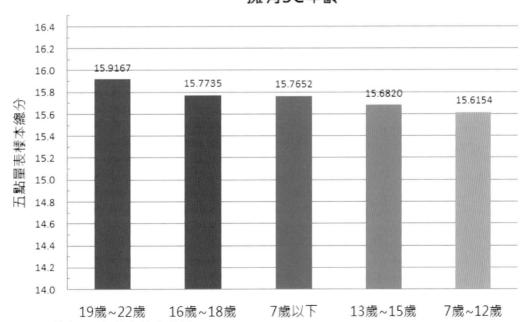

圖 4-11　擁有 3C 年齡之綜合分析

圖片來源：林俊閎作者自繪

顯然擁有 3C 並未影響 AI 素養。

三、對未來現場 AI 教育推廣的建議

　　隨著人工智慧（AI）科技的快速發展，人工智慧的教學將面臨挑戰。假使 AI 課程僅專注於知識或是程式設計，而忽略了其他能力，如：理解 AI 趨勢、正確學習 AI 觀念、判斷資訊能力、創新思維、問題解決的能力、團隊同理心及有效溝通等，不但可能無法培養正確應用人工智慧觀念的學生，甚至可能會導致學生難以適應職場、無法滿足企業實際的需求。既然，人工智慧的存在是為了提供人類更便利的生活，我們建議應讓學生清楚了解人工智慧基本之認知及侷限在哪裡。為使學生理解，能有效執行人工智慧所需應用「機器學習」或「深度學習」所需之資料範疇與型態，或觀察及發現日常有意義的數據，應試著讓學生與不同領域的學生合作發想，多嘗試各種跨領域的變化與方式，讓學生在課堂中體驗合作溝通、同理、解決問題、為共同目標努力，為未來成為跨領域合作團隊作準備。

　　由於人工智慧的發達，關於人工智慧的倫理議題亦開始出現。未來，不管是開發人工智慧的人類，亦或是被人類開發的人工智慧，皆需要被道德法律所規範。因此，在人工智慧教育上，尚須培養批判思考的能力、尊重他人智慧財產、安全性及隱私，了解社會需要，獲取社會信賴。這樣一來，人工智慧不僅能夠與人類分工合作、互惠共存，更能發揮人工智慧真正的價值。

　　本問卷所發現之面向在為培育未來人工智慧素養人才提出貢獻。於是，我們將這些能力歸納為人工智慧素養的面向，分別為：「人工智慧認知」，是指對人工智慧這項工具擁有基本的知識，並且知道人工智慧的運作模式需使用良好且正確的資料運算去幫助人工智慧學習，以符合人們所需；第二是「跨域合作效能」，指在設計一項符合需求的人工智慧時，能意識到無法單靠一個人，而需與不同領域的夥伴，有效溝通、接受彼此意見不同、提供自己的專長；第三是「團隊效能認知」，指在合作的過程中，認知到自己需與團隊合作、有同理心、將團隊目標視為重要以達成任務；最後是「人工智慧的覺知」，若個人可覺察自己對人工智慧的感受、想法、評論等，在人工智慧發展快速的同時才

能及時確知是否已增進、調整人工智慧知識而非停留。

　　此四個面向在與學院做比較時，能清楚看出不同學院的差異，表示不同學院觀所培育出來的學生，對於這四個面向的重視程度不一，欲培育擁有人工智慧素養的學生，不應偏頗任何一面向。在此，我們建議未來人工智慧素養人才的培育應以此四個面向為課程設計之重要參考，將「人工智慧認知」、「跨域合作效能」、「團隊效能認知」及「人工智慧的覺知」的理念融入課程設計之依據。

問答題

1. 請嘗試說明人工智慧素養應該包含了哪些層面？

2. 為什麼在人工智慧素養的培養中，跨領域合作的能力是重要的呢？

3. 你認為人工智慧可能產生的倫理議題有哪些呢？

AI 無所不在

　　科技已相當發達的今日，人工智慧實際已進入我們的日常生活，不論是在寺廟、法院、便利商店、汽車、學校等等，都能發現它的存在。甚至提供了我們許多過去無法發現、達成、解決的事物與建議。這些幫助我們的系統，並非僅一個人依靠電腦、撰寫程式語言就可以達成。2019 年清華大學跨領域合作團隊研發了一套能夠協助法官判決家事的預測系統，利用過去將近 2000 多篇的判決書，作為人工智慧學習的數據資料。這套系統是由清華大學的國家理論中心副主任暨物理系王道維教授與科技法律研究所林昀嫻副教授所領導的團隊研發，讓人工智慧學會法官的判決模式。為了讓更多案件可以用以預測，此研究團隊未來目標是與更多法律學者、律師、司法人員與社福人員討論，研擬更完整的使用方法與配套措施，讓這套系統可以更貼近使用當事人的需求。

　　人工智慧投入於醫療也有很重大的突破，2018 年科技部推動的「醫療影像專案計畫」將醫療影像資料轉化成符合人工智慧訓練的資料處理與編譯，並開發可自動分析判讀醫療影像的演算法，當中所標註影像之資料，包括：心臟冠狀動脈疾病、腦轉移瘤、原發性腦瘤、聽神經瘤、肺癌等疾病之電腦斷層、血管攝影、磁振造影和 X 光等。為了建置此跨院所的本土化「人工智慧醫療影像」資料庫，科技部匯集了國立臺灣大學、臺北榮民總醫院、臺北醫學大學等頂尖醫師經驗，累積約 4.6 萬筆案例的相關影像，提供人工智慧訓練。此項系統建置完成後，幫助醫師判讀只需 2 秒的時間，大量減低判斷的時間，讓病患可以更迅速準確的接收有效的治療。

　　保育野生動物也有人工智慧的身影，利用 AI 系統兼顧「用路人緩速警示」及「生物緩速」等功能的防止路殺措施，於 2019 年 8 月順利阻止一隻臺灣保育類動物石虎被路殺。此項「智慧路殺預警系統」是由交通部公路總局、農委會特生中心、臺灣深度學習新創公司（DT42）以及國立中興大學機械工程學系助理教授蔣雅郁率領的研究團隊，共同合作研發。此系統的硬體設備包

括「AI 辨識系統」及「聲光波生物緩速設備」，此系統兼具「用路人緩速警示」與「生物緩速」等兩大功能，DT42 利用 Amazon Web Services 開發出一個有著 GPU 助力的雲端平臺，只需不到半秒的時間，便能偵測出動作敏捷的石虎，幫助中興大學的研究人員訓練能辨識石虎的人工智慧模型。此研究團隊目前希望可以把這項研究規模擴大，讓其它野生動物也可以因此項裝置，擁有安全的生長環境，讓深度學習技術對這個世界有所貢獻。

　　人工智慧已被廣泛的運用，為了讓系統更貼近使用者的需求，需要許多不同領域的人士，經過長時間的溝通、互相理解、產生共識。他們並不都會程式語言，亦不是擁有人工智慧技能的專業人士，而是因為共同目標所組成的跨領域的團隊，於設計系統時提供彼此的專業及需要的資訊。由此可知，設計一個人工智慧系統，是需要跨領域的組織，為了共同的目標一起努力。

問答題

1. AI無所不在，在你的生活中AI幫助了你什麼？

2. 試分享一個AI運用改善生活的例子。

3. 試思考在你的學習領域中，有哪些運用AI的例子。

▌AI 技術背後的省思

人工智慧技術蓬勃發展後衍生出來的問題，包含隱私、造假和安全等問題。

一、隱私問題

人工智慧技術靠的是透過取得大量的使用者資料而得來的成果，因此將會產生隱私性的問題。為了讓語音助理更貼近使用者的習性，勢必會將使用者的對話錄音然後交由真人去判斷 AI 的語意辨認結果是否正確，進而改善 AI 模型。這就引發了隱私的疑慮。只有讓機器訓練機器，才能將隱私曝光的問題降低。

有句話說：Google 比你自己還了解你自己。Google 知道使用者買了什麼東西、Email 信件裡都寫了什麼、跟誰通信，因為你所有資料都在 Google 上，Google Map 可以了解你的通勤習慣，知道你喜歡在什麼時候上網看新聞等等，如果被有心人士拿來濫用，會是很嚴重的問題。

二、造假問題

我們以前常說：沒圖沒真相。但真的是這樣嗎？Deepfake 這個影片人臉合成技術可以把任意人的臉合成到任意的影片上，這就造成了影片造假的問題，而其幾可亂真的結果也很容易讓人混淆，以為當事人真的有說出不存在的言論。大家可以思考看看，如果今天有一個造假的影片，裡面是美國總統宣布將發動第三次世界大戰，那會是多麼恐怖的事情？

三、安全問題

雖然影像辨識比賽上得到了機器辨認物體有 97% 以上的傑出表現，如圖 4-12，但研究發現，如果在圖片中加入一些高對比的雜點，AI 就有很高的機率會誤判，這裡就有另一個問題：自動駕駛車如果因為誤判速度發生車禍，誰該負責？是技術發生的人呢？還是在路標上隨意上色的人？（請記得，真人面對這樣的情況幾乎不會誤判）

automobile to bird   automobile to frog   automobile to airplane automobile to horse

"stop"   "80m speed limit"   "go right"
to "30m speed limit"   to "30m speed limit"   to "go straight"

圖 4-12

圖片來源：Safety Verification of Deep Neural Networks

AI 浪潮下的應對

2017 年日本經濟新聞和英國金融時報合作，調查人工智慧將帶來的衝擊為何。

產業類型	多少比率的工作業務會由自動化取代
製造業	80.2%
餐飲業	68.5%
運輸業	48.4%
建築和開採業	42.5%
農林漁牧業	41%
醫療照護支援業	25.2%

資料來源：https://portal.stpi.narl.org.tw/index/article/10401

從表格中發現，製造業、餐飲業這些人力吃重的產業，也極高的機率會被人工智慧技術取代，因為人工智慧技術讓機器可以自動完成許多以前只能由人類完成的任務。很多人因此擔憂，AI 技術如此強大，是不是代表 AI 要控制人類了？或者說，AI 是否會奪走人類的工作？牛津大學的文章也指出，未來會有 47% 的工作會被 AI 取代。

"According to our estimates around 47 percent of total US employment is in the high risk category. We refer to these as jobs at risk – i.e. jobs we expect could be automated relatively soon, perhaps over the next decade or two."

-"The Future of Employment: How Susceptible Are Jobs to Computerisation?", University of Oxford, 2013

　　然而，能夠被自動化取代的工作主要是有重覆性高、單一性、目標明確等特性的工作，而人際間互動強、需處理應變的突發狀況多、需針對個人特定需求而產生個別服務類型的工作，被取代的可能性則較低。

　　人工智慧這個領域現在發展很快，你所學習的技術在你真正要去工作時有很大的機率已經過時了，因此在這波人工智慧的浪潮下，你最先要學習的，其實不是技術本身，而是如何和技術共存。你該思考的是，人工智慧技術可以幫助我什麼？

　　回顧過往資訊技術發展的沿革，新技術的突破都是在幫助人類提高生產力。電腦的發明讓我們不再需要紙本，並且幫助我們減少重複、繁雜的事情；文書處理軟體的發明讓文書作業邁入電子化，讓我們在短時間內可計算出一長串的 Excel 報表、排版整齊的 Word 文稿。網際網路的進展讓 Email 通訊普及，減少書信往返的時間。也就是說，人工智慧技術的革命，並不是要取代人類做事，而是要讓人類更「聰明」的做事，讓大家不再為了高工時而失去休息的時間。

　　此外，現今的人工智慧技術，目前大多還停留在「專才」的階段，而「通才」甚至是具備「情感」的機器，是下一個階段發展的願景。事實上，目前的技術存在著以下的問題尚待被克服：

　　AI 其實沒有很好的推演能力，只能在一個領域工作。每個 AI 只能成為一個特定工作的佼佼者。

　　AI 沒有「創造力」。AI 無法發明一個新的繪畫風格，也不可能成為另一個周杰倫，或是發現週期表上不存在的元素。目前的人工智慧技術靠的是經驗法則，而無法自行產生新的概念。有一些技術表示 AI 可以產生新的概念，但那些概念會存在著過往的痕跡，嚴格來說並不能算是劃時代的發明。

　　AI 沒有「溫度」。AI 沒有感情，不了解為什麼要下棋，贏了棋王卻沒有一絲一毫的喜悅。這是機器目前和人類差異最大的地方。

　　AI 是否能了解「忍一時風平浪靜，退一步海闊天空」、「吃虧就是佔便宜」這樣的人生哲學？

　　回過頭來思考，醫師的工作只有看病嗎？在講求醫病關係的現代，病患需要的不只是疾病診斷，更多的是醫護人員的專業關懷。人與人之間的情感互動是目前人工智慧無法取代的地方，這是人類獨有的「軟實力」。

請沿虛線剪下

選擇題

1. 以下哪一個是目前自駕車技術最讓人在意的項目？
   (A) 價格
   (B) 隱私
   (C) 速度
   (D) 安全

問答題

1. 假設在未來的AI醫生、AI警察、AI律師真的都出現了，你是否會願意給機器看病、判案、辯護？寫下你的想法。

2. 想一想，對於一個設計AI模型的工程師，你會怎麼建議他設計AI模型？是要讓機器非常的正確呢？還是要讓機器某種程度上會出錯？寫下你的想法。

Ans：

選擇：1. (D)

AI 倫理

　　「AI 的倫理問題」？AI 會有什麼「倫理」問題？要討論這個主題之前，讓我們先了解什麼是倫理。根據《韋氏大辭典》所給予的定義，倫理是一門探討什麼是好、什麼是壞，以及討論道德責任與義務的學科。百度網站羅列的多種「倫理」定義中，筆者將引用以下的說法——所謂倫理是指人類社會中人與人之間、人們與社會、人們與國家、人們與世界的關係和行為的秩序規範。任何持續影響全社會的團體行為或專業行為，都有其內在特殊的倫理的要求；企業作為獨立法人，有其特定的生產經營行為，也有企業倫理的要求。基於這個共識，本文與讀者一起思考，AI 的出現，所可能產生的倫理議題；至於如何面對、如何解決，在法令上如何訂定、在教育上如何預備、在技術上如何規範、在哲學思考上如何建構，並非本文探討的內容，更非筆者能力之所及。

　　且讓筆者順著本書的章節，摘取兩個主題—資料的收集與探勘、無人駕駛，與讀者們共同思考。

　　大數據無疑是 AI 時代的重要特色。每次你在網路上找資料、打關鍵字、選擇感興趣的食衣住行項目，後臺已經悄悄的記錄並累積屬於你的嗜好、習慣、消費能力、交友圈的資料；逐漸地，你也開始享受更「有效率」與更「優質」的個人化服務。有沒有類似經驗：當你正打算進行某個行程規劃時，才開始不久，配套的交通、住宿、當地旅遊資訊，甚至於符合你與你家人的活動、和可考慮前往購物的店家網站，陸續主動地從自己的筆電提供出來，方便極了，彷彿一位貼心的助理正在協助你大小事的安排。然而，你是否想過，這些推薦的內容，真的是如此忠實地配合你的需求嗎？為了能夠被搜尋引擎快速找到並且置頂，商店或是活動策劃人，付上了什麼代價？後臺的演算法是如何排序，讓這些呈現在你眼前的店家優先吸引你的目光？你是否意識到，在你甘心樂意的享受這些便捷資訊與服務時，你也已經忽略了某些可能對你更好的選項，只因它被排列在演算結果的後面（或是根本沒有在這個平臺裡）？……一

個平臺、或是一個演算法主導了這麼多 user 的選擇和龐大的金錢交易，似乎沒有受到規範與監督，而使用者在嚐到便利的滋味後，也忘記了質問—為什麼我每次瀏覽網頁、每次使用平臺的指令與選擇、每一個細微的動作所留下的紀錄，被保留而且累積，更在沒有徵詢我的前提之下，已經有了商業用途？

　　無人駕駛車已經問世，即便尚未普及化，一些車型已經擁有讓駕駛人切換到「自動駕駛」模式，讓車子自己駕駛而抵達目的地的功能。當無人車發生車禍時，究竟是無人車的乘客該負責？還是無人車的設計人（或是汽車廠）該負責？就責任歸屬而言，肇禍的是車子，當然應該由車子來負責；但是你如何將肇事的車子繩之以法 –6 個月不許上路？向無人車的乘客索取罰鍰（但他也是受害人）？還是由汽車廠全權負責該車子設計的問題（但是路況變化萬千，設計端永遠無法周全啊！）正在寫稿的筆者，日前正好從新聞讀到法院審理普悠瑪翻覆事件的進度；2018 年 10 月 21 日下午，臺鐵普悠瑪列車在宜蘭新馬車站發生出軌翻覆事故，造成 18 人死亡、逾百人受傷的意外。面對如此重大的交通事故，法官自然必須詳細調閱資料、約談乘客與目擊者、司機員與相關人等，給予肇事原因確實的說明與究責，以對家屬與受害人有所交代，並要向社會大眾報告：臺鐵公司管理機制是否鬆散、搭乘臺鐵是否安全無虞。試想，如果這班普悠瑪列車已經採用無人駕駛，所有的運轉都由 AI 完成，最後發生車禍時，因為程式撰寫與系統設計是個無可究責（或說：百密一疏、不可考）的黑盒子，造成有人無辜送死、百餘人受傷，但卻無法可罰、無「人」負責，這將成為社會公義與倫理道德何等大的漏洞啊！當今世人高捧科技而輕賤生命，重視專才而忽略全人價值的弊端，於此可見一斑。

　　AI 的倫理議題，隨處可見—生命倫理、複製人、人與 AI 的界線等等。聖經上說：「世人哪！你們默然不語，真合公義嗎？施行審判，豈按正直嗎？」（詩篇 58:1）。AI 的衝擊已經來臨，而倫理議題的嚴峻挑戰，方才開始，僅以此文拋磚引玉，與眾讀者一同經歷 AI 世代新生活的同時，也一起為建立合乎時代需求的倫理規範，共同努力。

選擇題

1. 胡媽媽喜歡參加網路團購，可以用更便宜的價格，來買到想要的商品。以下哪一個行為可能有**倫理議題**的疑慮？（可複選）

   (A) 把團購的親朋好友電郵清單，轉贈給另一個電商平台。

   (B) 經營實體商店，把買到的貨品賣出，賺取一些利潤。

   (C) 遇到不良經驗時，例如到手的貨物有瑕疵、或服務品質不好的網站，前往留言並給予負評。

   (D) 經常填寫線上問卷，在購物平台累積一些紅利點數。

   (E) 使用聊天機器人（chatbot）功能，向朋友們重複推銷某些自己想買的東西，來湊足折扣門檻的數量。

2. 以下哪個情境與**AI倫理**最為相關？

   (A) 夾娃娃機的禮物放置，總是把貴重的目標物放置在怪手不容易拿到的地方。

   (B) 無人飛機的操作手，在住宅區任意使用，不管是否裝置有攝影機，都讓居民有被侵犯隱私的疑慮。

   (C) 為了新冠肺炎的防疫需要，台灣政府將健保卡與國人出入境資訊串聯，來釐清每個人的出國史。

   (D) 街口、商店、大眾運輸系統裝設密集的監視錄影機，紀錄過往人車的行蹤，並自動比對追蹤。

   (E) 新開的餐廳為了增加網路曝光率，推出FB打卡送小菜的活動。

問答題

1. 請舉出兩樣生活中，可能產生AI倫理議題的例子。

2. 許多人遇到生活上的挫折，無人傾訴，轉而倚賴AI聊天機器人的陪伴；在微軟它叫做Zo，在中國叫小冰，在日本則叫Rina。說說過度倚賴AI聊天機器人所帶來的身心問題、家庭問題、與社會影響。

3. 在科幻電影裡，經常有AI機器人與真人難辨真假的情節，甚至AI機器人想要奪回某種「自尊」、而違背主人意旨的故事。請說說，人與AI機器人的差異，究竟為何？

Ans：

選擇：1. (A)(E)　2. (D)

AI 與法律

一、AI 之緣起

　　人工智慧（Artificial Intelligence, AI）一詞最早來自於 1956 年美國達特茅斯會議（Dartmouth workshop），該會議係首次將人工智慧的研究者集結起來，針對人工智慧相關問題進行為期兩個月討論，並於會後共同提出人工智慧的四大目標，亦即讓機器「懂得使用語言」、「解決只有人類可以處理的問題」、「擁有抽象化及概念化的能力」、「可以自我改良」[2]，其中人工智慧在當時碰到許多問題，例如在自動電腦方面，如果機器可以完成工作，則可以針對自動計算器進行程式設計以模擬機器。當前計算機的速度和儲存容量可能不足以模擬人腦的許多高級功能，但是主要障礙不是在機器容量的不足，而是我們尚無法編寫充分利用既有能力的程式[3]。而在如何設計寫出程式使用電腦方面，我們可以推測，人類思想很大一部分是根據推理和猜想來操縱單字，從這個角度來看，形成一般化包括接受一個新詞和一些規則，其中包含該詞句子或被其他詞所隱含。這個想法在過去從來沒有被非常精確地提出，也沒有制定過實例[4]。隨著科技的進步，特別是電腦運算的突破、程式設計的提升，人工智慧的發展也有著顯著的成長，也漸漸地普及人工智慧的應用，增進生活的便利，改變了人類生活的模式。

---

[2] 曾更瑩、吳志光，「人工智慧之相關法規國際發展趨勢與因應」，國家發展委員會委託研究報告，2018 年 12 月，頁 14。

[3] If a machine can do a job, then an automatic calculator can be programmed to simulate the machine. The speeds and memory capacities of present computers may be insufficient to simulate many of the higher functions of the human brain, but the major obstacle is not lack of machine capacity, but our inability to write programs taking full advantage of what we have.

[4] It may be speculated that a large part of human thought consists of manipulating words according to rules of reasoning and rules of conjecture. From this point of view, forming a generalization consists of admitting a new word and some rules whereby sentences containing it imply and are implied by others. This idea has never been very precisely formulated nor have examples been worked out.

二、人工智慧之發展

　　人類運用智慧製造出機器，更進一步讓機器學習並運用人類的智慧，正是人類智慧的展現。經由人工智慧改善人類生活品質，是目前國際社會最重要的課題，然而隨著人工智慧越來越進步，對人類社會各種面向也帶來了許多衝擊與變革[5]，例如潛在的倫理爭議與傳統法律如何適用在人工智慧的議題上，以及又該如何制訂新興人工智慧的相關規定。根據國際知名資訊科技研究和顧問諮詢公司（Gartner）表示：「2020 年十大策略科技趨勢均圍繞著『以人為本的智慧空間』這個核心概念，也是現今科技發展最重要的面向之一。核心概念是以人為本出發，思考資通訊科技對顧客、員工、社會、政府、產業、商業夥伴或其他重要利益關係人會產生什麼樣的影響」[6]，其中第五大策略：「透明化與可追溯性（Transparency and Traceability）」中提到至 2023 年，逾 75% 的大型企業組織將會聘請行為法律、隱私及客戶信任方面的人工智慧專家，以降低公司品牌和商業聲譽的風險。越來越多的消費者意識到個人資料是個人隱私資料，必須有效管控，而企業也體認到保護和管理個人資料的風險日益增加，透明化與可追溯性機制之建立，將成為趨勢[7]。

三、人工智慧與個資法關係

　　人工智慧常以人類過去實際活動所產生的資料作為「智慧學習」的訓練資料以發展所需的演算法。然而，這些資料並非一定屬於可識別個人身分的「個人資料」。倘若屬非個資依賴型人工智慧：例如 Alpha Go 利用已公開的棋譜與過去大量的非屬個人資料的實戰紀錄等作為訓練資料，以完成智慧學習，即為「非個資依賴型人工智慧」，此類不發生個人資料保護法適用問題，亦無倫理爭議；倘若個人資料仰賴於個人身心活動所留下之紀錄，或者由該等紀錄進行「去除直接識別性」處理後的次級資料進行學習的人工智能主體，則有可能

---

[5] 李建良，人工智慧與法律規範學術研究群，科技部人文社會科學研究中心學術研究群成果報告，2019 年 7 月 30 日，頁 1。

[6] 莊明芬、黃代華，出席 2019 Gartner 資訊科技發展國際研討會，行政院及所屬各機關出國報告，2019 年 12 月 23 日，頁 3。

[7] 同前註，頁 8。

有個人資料保護法的問題 [8]。

四、人工智慧對律師業帶來的衝擊

　　國際研究暨顧問機構 Gartner 於 2017 年發布報告指出，人工智慧將對商業策略及人力雇用帶來衝擊，預估到 2022 年，醫藥、法律及 IT 領域，經過嚴格訓練的專業人士，都有可能被智慧機器與機器人取代 [9]。隨著 AI 人工智慧的科技發展，當 AI 開始具備類似有人類的生命功能時，即產生有無可能侵害該人工智慧機器人之人格權（人格尊嚴）或者「準人格權」之問題？對此，學者有不同見解，有認為可以將人工智慧機器人建立在一個法律人格的基礎上，使其作為一個可負責任的「法律上的人」，而探討其所引起的民事法律責任為何；有人主張可為已具判斷及互動能力的人工智慧，創造一個特別概念「電子人」，令其具有特別權利義務能力；也有認為可另外制定一部「機器人法」，就其特點另行規範 [10]。此外，有論者研究發現：「人工智慧工具在良好資料條件與適當模型建構的前提下，能快速學習與高效處理文件，在特定領域甚至有超越人類律師的表現，因此人工智慧已對傳統律師行業造成重大的衝擊」[11]。

五、人工智慧與倫理的問題

　　在人工智慧時代討論法律上的責任原則與風險分配議題時，恐怕無法迴避關於倫理原則的討論。對於人工智慧的研發與應用，我們應該如何檢視與決定應該採行怎樣的倫理原則？人工智慧時代的自動駕駛爭議，便是典型的實例。自動駕駛車潛藏的種種行車安全爭議，到底應該如何處理？肇事責任與賠償義務是否應該完全以肇事的終極原因當成判斷依據？終極原因又該如何界定？當人工智慧取代人類從事駕駛汽車的行為時，提供自動駕駛系統軟硬體的公

---

[8] 邱文聰，初探人工智慧中的個資保護發展趨勢與潛在的反歧視難題，頁 4-6，available at http://idv.sinica.edu.tw/wentsong/pdf/20181101.pdf (last visited on 2021.4.3)

[9] Gartner：人工智慧將使部分專業工作轉型，available at https://technews.tw/2017/06/01/ai-work-transformation/ (last visited on 2021.4.3)

[10] 吳從周，初探 AI 的民事責任－聚焦反思台灣之實務見解，收錄於人工智慧相關法律議題芻議，元照出版有限公司，2018 年 11 月初版，頁 96。

[11] 陳豐奇、陳鋕雄，人工智慧法律科技對律師倫理的衝擊，全國法律 2019 年 9 月號，頁 40。

司，是否應該在倫理上與法律上負起最終責任？[12] 美國在 2016 年公布的《聯邦自動駕駛車政策（Federal Automated Vehicles Policy）》，將汽車依照自動化程度，區分為六個等級：「無自動化」、「駕駛人之輔助」、「部分自動駕駛」、「有條件自動駕駛」、「高度自動駕駛」、「全自動駕駛」等。若自駕車已經達到「高度或全自動駕駛」的程度，則人類的角色已經由傳統的駕駛人轉變為乘客的角色，而無須介入行車環境的監控，在此情況下，如課予乘客注意義務，或者成立其與損害間的因果關係，就有可能發生爭議[13]。

六、小結

　　AI 或機器人（Robots）融入我們的社會已是不可避免的趨勢，儘管超級人工智慧機器還沒有出現，但是不斷精進的演算法與 AI，卻已漸漸地改變了我們的生活，這當中所衍生出來的各種新興法律問題，值得我們深入探究。2017 年，沙烏地阿拉伯曾頒予機器人「索菲亞」公民權[14]，同年，歐洲議會也曾通過機器人法之決議[15]，以上兩者皆是針對 AI 可以成為權利主體的初步試驗。成為權利主體，代表著 AI 不再只限於按指令動作，而是有獨立思考與行為的能力，然而誠如許多專家所提出：「歐洲議會的提案可能允許製造商、程式設計師和機器人擁有者聲稱他們對機器人行為不需要負責」[16]，而這衝擊了傳統對權利主體的看法，儘管目前多數的看法尚未將機器人認為是權利主體，但在未來科技的發展中如何兼顧人工智慧的發展與責任的負責分配，以及人工智慧對倫理、各項法律的挑戰，都是我們不得不去面對的課題。

---

[12] 劉靜怡，人工智慧潛在倫理與法律議題鳥瞰與初步分析，收錄於人工智慧相關法律議題芻議，元照出版有限公司，2018 年 11 月初版，頁 96。

[13] 吳筱涵，AI 人工智慧與法專題系列（一）一當 AI 出錯了，誰的責任？一從無人駕駛車（自駕車）談起，中銀法律事務所，2019 年 4 月，available at https://zhongyinlavyer.com.tw/2019/04/(last visited on 2021.4.3)。

[14] 李修慧，沙烏地阿拉伯第一位不用穿罩袍的女性「國民」，是個 AI 機器人，https://www.thenewslens.com/article/82000 (last visited on 2021.4.3)

[15] 黃嬿，歐洲議會授與機器人合法地位，150 位專家聲明反對，https://technews.tw/2018/04/13/robot-legal-status-opposed-by-experts/ (last visited on 2021.4.3)

[16] 同前註。

選擇題

1. 人工智慧（Artificial Intelligence）一詞最早來自於西元幾年美國達特茅斯會議？
   (A) 1936
   (B) 1946
   (C) 1956
   (D) 1966

2. 美國在2016年公布的《聯邦自動駕駛車政策（Federal Automated Vehicles Policy）》，將汽車依照自動化程度，區分為幾個等級？
   (A) 4
   (B) 5
   (C) 6
   (D) 7

3. 下列何者為非？
   (A) 人工智慧常以人類過去實際活動所產生的資料作為「智慧學習」的訓練資料以發展所需的演算法。
   (B) Alpha Go利用已公開的棋譜與過去大量的非屬個人資料的實戰紀錄等作為訓練資料，以完成智慧學習，即為「個資依賴型人工智慧」。
   (C) 「非個資依賴型人工智慧」，此類不發生個人資料保護法適用問題，亦無倫理爭議。
   (D) 個人資料仰賴於個人身心活動所留下之紀錄，或者由該等紀錄進行「去除直接識別性」處理後的次級資料進行學習的人工智能主體，則有可能有個人資料保護法的問題。

問答題

1. 1956年美國達特茅斯會議（Dartmouth workshop），該會議係首次將人工智慧的研究者集結起來，針對人工智慧相關問題進行為期兩個月討論，並於會後共同提出人工智慧的四大目標，試問為哪四大目標？

2. 人工智慧是否可成為權利主體？

Ans：

選擇：1. (C)　2. (C)　3. (B)

簡答：

1. 讓機器「懂得使用語言」、「解決只有人類可以處理的問題」、「擁有抽象化及概念化的能力」、「可以自我改良」。

2. 2017年，沙烏地阿拉伯曾頒予機器人「索菲亞」公民權，同年，歐洲議會也曾通過機器人法之決議，以上兩者皆是針對AI可以成為權利主體的初步試驗。成為權利主體，代表著AI不再只限於按指令動作，而是有獨立思考與行為的能力，然而誠如許多專家所提出：「歐洲議會的提案可能允許製造商、程式設計師和機器人擁有者聲稱他們對機器人行為不需要負責」，而這衝擊了傳統對權利主體的看法，儘管目前多數的看法尚未將機器人認為是權利主體，但在未來科技發展中如何兼顧人工智慧的發展與責任的負責分配，以及人工智慧對倫理、各項法律的挑戰，都是我們不得不去面對的課題。

請沿虛線剪下

參考文獻

工商時報，兆豐虛擬行員七部門全上線，2019.9.25。

工商時報，純網銀來了五金融新現象現生，2019.9.23。

工商時報，臺式開放銀行會是什麼味？2019.3.13。

工商時報，迎變局 25 項金融建言全翻新，2019.8.15。

工商時報，金融白皮書聚焦理財中心，2019.8.26。

工商時報，獨角獸重摔的泡沫現象，2019.10.1。

工商時報，臺版新支付生態圈明年問世，2019.9.4。

工商時報，建立容錯文化支撐金融科技發展，2019.8.30。

工商時報，人工智能（AI）與經濟，2019.9.9。

中天快點 TV，2017 金融科技創新嘉年華參與人數逾 2 千人，2017.3.4。（gotv.ctitv. com.tw/2017/03/402047.htm）

臺灣網路認證，金管會大力推動 FinTech「TWID 身分識別中心」已獲內政部同意。 （www.twca.com.tw/Portal/news/NewsDetail.aspx?index=78）

李靜宜（2019），Fintech 周報 113 期：臺北金融科技展 11 月底即將登場，三家純網 銀將首次同臺秀特色，iThome，2019.8.27。（ithome.com.tw/news/132678）

風傳媒，發展金融科技，金管會同意成立生物特徵資訊共通資訊平臺，2018.10.25。 （www.storm.mg/article/570894）

陳若暉，金融科技，2019。

鉅亨網，FinTech 今年最大盛事臺北金融科技展 12 月登場，2018.10.2。（www. nownews.com/news/20181002/2993315）

彭文志、黃思皓（2019），人工智慧在金融科技上的應用，科技大觀園。(scitechvista. nat.gov.tw/c/sTkv.htm)20. 經濟日報，推動普惠金融快擁抱創新，2019.10.9。

詹衛東（1999）。面向中文資訊處理的現代漢語短語結構規則研究。博士論文，未出 版。北京大學。

蔡蓉芝、舒兆民（2017）。華語文教材編寫實務。臺北，新學林。

吳美美(1996)。「在新時空座標中的圖書館功能—談資訊素養教育」。圖書館學與資 訊科學，22(2)，29-52。

張一藩（1997）。資訊時代之國民素養與教育。收錄於謝清俊（主編），資訊科技 對人文、社會的衝擊與影響期末研究報告（頁 77-100）。行政院經濟建設委員 會委託之專題研究成果報，未出版。取自 http://cdp.sinica.edu.tw/project/jcatalog. htm

劉湘瑤、張俊彥（2018）。論自然科學課程綱要中的〔素養〕內涵。科學教育月刊，413，4。

蕭佩姍、蔡佩樺（2016）。從教學現場談心智習性。臺灣教育評論月刊，5(1)，178-184。

Cognizant, Why Banks Must Become Smart Aggregators in the Financial Services Digital Ecosystem, 2018.8.

Medium, Open Banking & the New Payments Platform for Superannuation Funds, 2017.8.4.

Wikimedia Commons。

Goksel, N., & Bozkurt, A. (2019). Artificial Intelligence in Education: Current Insights and Future Perspectives. In *Handbook of Research on Learning in the Age of Transhumanism* (pp. 224-236). IGI Global.

Huang, Y. (2018). *Using Ponddy Chinese in Tutoring Sessions*. [online] lftic.lll.hawaii.edu. Available at: https://lftic.lll.hawaii.edu/using-ponddy-chinese-in-tutoring-sessions/ [Accessed 17 Nov. 2019].

Kessler, G. (2018). Technology and the future of language teaching. *Foreign Language Annals*, *51*(1), 205-218.

Wu, Y., & Wang, Y. (2018). An Exploration of English-Chinese AI Interpreting Difficulties from a Perspective of Practical Application. *DEStech Transactions on Social Science, Education and Human Science*, (ichae).

Zhou, H., Zhang, H., Zhou, Y., Wang, X., & Li, W. (2018, July). Botzone: an online multi-agent competitive platform for AI education. In *Proceedings of the 23rd Annual ACM Conference on Innovation and Technology in Computer Science Education* (pp. 33-38). ACM.

American Association for the Advancement of Science (AAAS) (1993). *Project 2061: Benchmarks for science literacy*. New York: Oxford University Press. Retrieved from http://www.project2061.org/publications/bsl/online/index.php

Costa, A. L., & Kallick, B. (2008). *Learning and Leading with Habits of Mind: 16 Essential Characteristics for Success*. ASCD.

Konishi, Y. (2016). *What is Needed for AI Literacy?*. Priorities for the Japanese Economy in 2016. Retrieved from https://www.rieti.go.jp/en/columns/s16_0014.html

Organization for Economic Co-operation and Development. (2005). *The definition and selection of key competencies*. Paris, France: Author. Retrieved from https://www.oecd.org/pisa/35070367.pdf.

國家圖書館出版品預行編目資料

AI人工智慧導論－－理論、實務及素養（第二
版）／葛宗融等合著.－－二版.－－臺北
市：五南圖書出版股份有限公司, 2021.09
面； 公分
ISBN 978-986-522-971-9（平裝）

1.人工智慧

312.83 110011573

1H1R 通識系列

AI人工智慧導論
理論實務及素養（第二版）
Introduction to Artificial Intelligence
-Theory, practice & literacy

作　　者 ─ 葛宗融、余執彰、張元翔、李國誠、許經爻
　　　　　　陳若暉、蕭育霖、連育仁、倪晶瑋、石栢岡
　　　　　　陳民樺、吳昱鋒、林俊閎、高欣欣、蔡鐘慶

發 行 人 ─ 楊榮川

總 經 理 ─ 楊士清

總 編 輯 ─ 楊秀麗

副總編輯 ─ 黃惠娟

責任編輯 ─ 吳佳怡

插　　畫 ─ 楊涵婷

封面設計 ─ 韓大非

出 版 者 ─ 五南圖書出版股份有限公司

地　　址：106台北市大安區和平東路二段339號4樓

電　　話：(02)2705-5066　　傳　　真：(02)2706-6100

網　　址：https://www.wunan.com.tw

電子郵件：wunan@wunan.com.tw

劃撥帳號：01068953

戶　　名：五南圖書出版股份有限公司

法律顧問　林勝安律師事務所　林勝安律師

出版日期　2020年2月 初版一刷
　　　　　2021年9月 二版一刷

定　　價　新臺幣360元

經典永恆・名著常在

五十週年的獻禮——經典名著文庫

五南，五十年了，半個世紀，人生旅程的一大半，走過來了。

思索著，邁向百年的未來歷程，能為知識界、文化學術界作些什麼？

在速食文化的生態下，有什麼值得讓人雋永品味的？

歷代經典・當今名著，經過時間的洗禮，千錘百鍊，流傳至今，光芒耀人；

不僅使我們能領悟前人的智慧，同時也增深加廣我們思考的深度與視野。

我們決心投入巨資，有計畫的系統梳選，成立「經典名著文庫」，

希望收入古今中外思想性的、充滿睿智與獨見的經典、名著。

這是一項理想性的、永續性的巨大出版工程。

不在意讀者的眾寡，只考慮它的學術價值，力求完整展現先哲思想的軌跡；

為知識界開啟一片智慧之窗，營造一座百花綻放的世界文明公園，

任君遨遊、取菁吸蜜、嘉惠學子！